Unidade 1

Atividades iniciais

Simone Ziasch/Arquivo da editora

O QUE VOU ESTUDAR?

- Diversas formas de comunicação
- Símbolos
- Letras
- Ordenação das letras

Como eu me comunico

Observe a ilustração abaixo. Você conhece algumas dessas placas? Sabe o que significam?

Ilustra Cartoon/Arquivo da editora

MARCHA CRIANÇA
INTEGRADO

1º ano

Maria Teresa Marsico

Professora graduada em Letras pela Universidade Federal do Rio de Janeiro (UFRJ) e em Pedagogia pela Sociedade Unificada de Ensino Superior Augusto Motta. Atuou por mais de trinta anos como professora de Educação Infantil e Ensino Fundamental das redes municipal e particular de ensino no município do Rio de Janeiro.

Armando Coelho de Carvalho Neto

Atua desde 1981 com alunos da rede oficial de ensino e professores das redes oficial e particular do Rio de Janeiro. Desenvolve pesquisas e estudos sobre metodologias e teorias modernas do aprendizado. É autor de obras didáticas para Ensino Fundamental e Educação Infantil desde 1993.

Este livro pertence a: ______________________

____

Escola: ______________________

____

editora scipione

editora scipione

Diretoria editorial: Lidiane Vivaldini Olo
Editoria de Anos Iniciais do Ensino Fundamental: Heloisa Pimentel
Edição: Miriam Mayumi, Angela Adriana, Tais Freire Rodrigues, Leandro dos Reis Silva, Tereza Cristina de Freitas Gouveia, Naira Gomes dos Santos
Colaboração: Nathalia Matsumoto
Supervisão de arte e produção: Sérgio Yutaka
Equipe de arte: Eber Alexandre de Souza, Mauro Roberto Fernandes, Ester Harue Inakake, Cleiton Caliman
Supervisão de arte e criação: Didier Moraes
Edição de arte e criação: Tyago Bonifácio da Silva
Design gráfico (capa e miolo): UC Produção Editorial
Gerência de revisão: Hélia de Jesus Gonsaga
Equipe de revisão: Rosângela Muricy (coord.); Ana Curci, Gloria Cunha, Luís Maurício Boa Nova e Vanessa de Paula; Flávia Venézio dos Santos e Gabriela Macedo de Andrade (estags.)
Supervisão de iconografia: Sílvio Kligin
Pesquisa iconográfica: Ana Maria de Andrade e Caio Mazzilli
Tratamento de imagem: Cesar Wolf e Fernanda Crevin
Ilustrações: Adelmo Naccari, Avalone, Cassiano Röda, Fábio Sgroi, Hiroe Sasaki, Ilustra Cartoon, Mario Pita, MW Editora Ilustrações Ltda., Priscila de Paula, Roberto Massaru Higa, Simone Ziasch

Avenida das Nações Unidas, 7221, 3º andar, Setor D
Pinheiros – São Paulo – SP – CEP 05425-902
Tel.: 4003-3061
www.scipione.com.br / atendimento@scipione.com.br

Dados Internacionais de Catalogação na Publicação (CIP)
(Câmara Brasileira do Livro, SP, Brasil)

Marsico, Maria Teresa
Marcha criança : integrado : 1º ano : ensino fundamental : língua portuguesa, matemática, história, geografia, ciências, inglês, arte / Maria Teresa Marsico, Armando Coelho de Carvalho Neto. – 4. ed. – São Paulo: Scipione, 2014.

1. Artes (Ensino fundamental) 2. Ciências (Ensino fundamental) 3. Geografia (Ensino fundamental) 4. História (Ensino fundamental) 5. Inglês (Ensino fundamental) 6. Matemática (Ensino fundamental) 7. Português (Ensino fundamental) I. Antunes, Maria Elisabete Martins. II. Carvalho Neto, Armando Coelho de. III. Título.

14-08845 CDD–372.19

Índices para catálogo sistemático:
1. Ensino integrado: Livros-texto: Ensino Fundamental 372.19

2016
ISBN 978 85 262 9390-8 (AL)
ISBN 978 85 262 9391-5 (PR)
Cód. da obra CL 738658
CAE 497781 (AL) / 497800 (PR)
3ª edição
3ª impressão

Impressão e acabamento: Brasilform Editora e Ind. Gráfica

Uma publicação Abril EDUCAÇÃO

MARCHA CRIANÇA INTEGRADO

Sumário

APRESENTAÇÃO

Querido aluno, querida aluna,

Preparamos esta coleção com muito carinho especialmente para você. Ela está repleta de situações e atividades motivadoras que certamente despertarão seu interesse e lhe proporcionarão momentos de alegria e muitas descobertas. Esperamos que com ela você encontre satisfação no constante desafio de aprender!

Ao final de cada unidade, apresentamos como novidade a seção **De olho...**, com a qual você e seus colegas poderão ampliar seus conhecimentos nas diferentes disciplinas.

Crie, opine, participe, aprenda e colabore para transformar o mundo em um lugar melhor. E lembre-se de compartilhar seus conhecimentos com os colegas e com o professor, oferecendo um grande exemplo de solidariedade, amizade e cidadania.

Bons estudos e um forte abraço!

Maria Teresa e Armando

CONHEÇA SEU LIVRO

Este livro é composto de sete disciplinas.

As disciplinas regulares estão divididas sempre em quatro unidades. Cada unidade termina com a nova seção **De olho...**

No final de cada disciplina, você encontrará algumas sugestões de leitura para aprofundar seus conhecimentos.

Em papel especial, um material exclusivo complementa as atividades do livro.

Para complementar seu aprendizado, você ainda receberá, à parte, um caderno de atividades.

Língua Portuguesa

SUMÁRIO

E quando a escrita não existia?

Há milhares de anos, quando a escrita não existia, as pessoas desenhavam e pintavam para comunicar o que estavam pensando ou sentindo.

Como não havia lápis nem papel, as pessoas desenhavam nas rochas usando paus e lascas de pedra.

Carlos Zaith/Editora Abril

Pintura rupestre no Parque Nacional de Sete Cidades, no município de Piripiri (PI).

Gilvan Barreto/Editora Abril

Representação de animais em pintura rupestre no Parque Nacional Serra da Capivara, no município de São Raimundo Nonato (PI).

Tanto a escrita como o desenho comunicam nossas ideias e, com o passar do tempo, as pessoas continuaram criando símbolos para facilitar a comunicação.

Você sabe o que significam os símbolos a seguir? Assinale os que você conhece.

O alfabeto

Os sinais que utilizamos para escrever são as **letras**. O conjunto das letras chama-se **alfabeto**.

Observe as letras do nosso alfabeto escritas em suas diferentes formas.

Letra de imprensa

a A b B c C d D e E f F
g G h H i I j J k K l L
m M n N o O p P q Q r R
s S t T u U v V w W x X
y Y z Z

Letra cursiva

a A b B c C d D e E f F
g G h H i I j J k K l L
m M n N o O p P q Q r R
s S t T u U v V w W x X
y Y z Z

- Diga o nome das letras. E pinte, no primeiro quadro, a letra que inicia o seu nome.

Observe o alfabeto em letra cursiva **maiúscula** e **minúscula** e copie-o com atenção.

Maiúsculo

A B C D E F G H I

J K L M N O P Q R

S T U V W X Y Z

Minúsculo

a b c d e f g h i

j k l m n o p q r

s t u v w x y z

Ordem alfabética

- Escreva a letra inicial do nome de cada figura.

abacaxi ☐ 	baleia ☐ 	casa ☐ 	dado ☐ 
elefante ☐ 	formiga ☐ 	gato ☐ 	hipopótamo ☐ 
igreja ☐ 	jacaré ☐ 	Kátia ☐ 	lápis ☐ 
maçã ☐ 	navio ☐ 	onça ☐ 	papagaio ☐ 
queijo ☐ 	rato ☐ 	sapo ☐ 	televisão ☐ 
uva ☐ 	vaca ☐ 	windsurfe ☐ 	xadrez ☐ 
	yakisoba ☐ 	zebra ☐ 	

Ilustrações: Ilustra Cartoon/Arquivo da editora

De olho no dicionário

Na sua opinião, para que serve um dicionário?

Observe esta página de dicionário:

Aa

afeto — agradável

afeto (a-fe-to) *substantivo*
Sentimento de carinho de uma pessoa por outra: *Tenho um grande **afeto** pela minha professora.*

afilhado (a-fi-lha-do) *substantivo*
Uma pessoa de quem se é padrinho ou madrinha: *Joana é **afilhada** de Dona Maria; Dona Maria é madrinha de batismo de Joana.*

afirmar (a-fir-mar) *verbo*
1. Declarar alguma coisa com firmeza, com segurança: *Vovó **afirmou** que poderemos ir ao cinema.* **2.** Dizer: *Mariana **afirmou** que a festa será no sábado.*

afirmativo (a-fir-ma-ti-vo) *adjetivo*
Que afirma; que não é negativo nem interrogativo: *Marina convidou Pedro para a festa e recebeu resposta **afirmativa**.*

aflição (a-fli-ção) *substantivo*
Sofrimento ou preocupação desgastante. [Plural: *aflições*.]

afundar (a-fun-dar) *verbo*
1. Fazer ir em direção ao fundo: *A tempestade **afundou** a canoa.* **2.** Naufragar: *O navio **afundou**.*

agarrar (a-gar-rar) *verbo*
Segurar bem firme; pegar: ***Agarrou** a corda para não cair.*

agasalho (a-ga-sa-lho) *substantivo*
Roupa que serve para esquentar o corpo ou para protegê-lo do frio: *Nando vestiu um **agasalho** porque estava ventando.*

agir (a-gir) *verbo*
1. Praticar uma ação, para chegar a um resultado desejado: *A polícia **agiu** com rapidez e prendeu os bandidos.* **2.** Comportar-se: *Júlia só tem sete anos, mas **age** como uma menina de dez.*

agora (a-go-ra) *advérbio*
Na hora em que se está falando; neste instante; neste momento; já: *Precisamos sair **agora**, porque vai chover.*

agradável (a-gra-dá-vel) *adjetivo*
Que faz a pessoa se sentir bem ou ficar contente; que dá prazer: *Belo Horizonte tem uma temperatura **agradável**. Tive hoje a **agradável** notícia de que vou passar as férias na fazenda.*

27

Aurelinho: dicionário infantil ilustrado da língua portuguesa, de Aurélio Buarque de Holanda Ferreira. Curitiba: Positivo, 2008.

- Como as palavras aparecem organizadas em um dicionário? Converse com seus colegas.

Unidade

2

Vogais

Simone Ziasch/Arquivo da editora

O QUE VOU ESTUDAR?

- Vogais minúsculas e maiúsculas
- Palavras com vogais
- Encontro de vogais

a A

David Berrecloth/Alamy/Other Images

AMARELINHA

amarelinha

amarelinha

a A

a A

- Você sabe como se brinca de amarelinha?

Ilustrações: Ilustra Cartoon/Arquivo da editora

1. De que as crianças estão brincando?

____

- Quantas letras **a** você escreveu no nome da brincadeira? ☐

2. No nome das crianças está faltando a letra **a**. Complete os nomes e, depois, copie-os com letra cursiva.

___DRI___N___

___LEX___NDRE

LIVI___

e E

Four Oaks/Shutterstock/Glow Images

ELEFANTE

elefante

elefante

e E

e E

- Pela imagem, onde você acha que os elefantes estão?
- Você acha que eles estão felizes nesse lugar? Por quê?

1. Circule a palavra que começa com a letra **e**.

Ilustrações: Ilustra Cartoon/Arquivo da editora

A ELEFANTA SÓ GOSTA
DE VER O FILHO LIMPINHO.
TODAS AS TARDES LHE DÁ
UM BANHO DE CHUVEIRINHO.

A zebra, a girafa e outros bichos..., de Milton Camargo. São Paulo: Ática, 1988.

2. Complete os espaços com as letras **e** ou **E**. Depois, leia as palavras em voz alta.

_____lisa	_____duardo	Rob_____rto
B_____atriz	L_____andro	Manu_____la

a) Circule os nomes iniciados com a letra **E**.

b) Alguém na sua família, na sua rua ou na sua classe tem o nome começado com a letra **E**? Escreva o nome no caderno e circule essa letra.

i I

Defpicture/Shutterstock/Glow Images

IGUANA
iguana
iguana

i I
i I

- Você conhece o animal da foto?
- Com que outro animal você acha que ele se parece?

1. Circule a palavra que começa com a letra **i**.

DISFARÇADA NA FOLHAGEM,
A IGUANA VOCÊ VAI VER,
DESCANSANDO À BEIRA-D'ÁGUA,
SEM TER NADA PRA FAZER.

De avestruz a zebra, de Maiti Frank Carril. São Paulo: Ática, 1999. Texto adaptado.

- Agora, escreva a palavra que você circulou.

____

2. Complete os espaços com a letra **i** e leia as palavras em voz alta.

Ilustrações: Ilustra Cartoon/ Arquivo da editora

___greja   p___sc___na   ame___xa

- Copie a palavra que apresenta mais vezes a letra **i**.

____

o O

Ammit/Shutterstock/Glow Images

ONÇA
onça
onça

o O
o O

• Você sabe qual a utilidade das pintas da onça-pintada?

1. Pinte a figura em que aparece a palavra **onça**.

IGUANA | ELEFANTE | ONÇA

2. Leia em voz alta as palavras que correspondem aos desenhos. Depois, pinte a primeira letra de cada palavra.

óculos
óculos

ônibus
ônibus

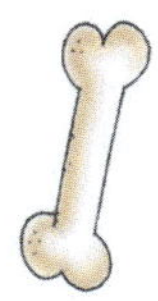

osso
osso

3. Complete os nomes das cores com a vogal **o**.

 marr___m

 amarel___

 pret___

 r___sa

u U

Denis Blofield/Shutterstock/Glow Images

URUBU

urubu

urubu

u U

u U

- Você sabe que importante tarefa o urubu desempenha na natureza?

1. Ligue os nomes aos respectivos animais.

- urubu
- tatu
- jabuti
- coruja
- urso

Ilustrações: Ilustra Cartoon/ Arquivo da editora

2. Pinte a letra **u** de cada palavra da atividade anterior.

Encontros vocálicos

1. Leia as frases desta cena e circule as vogais que aparecem juntas.

Ilustra Cartoon/Arquivo da editora

Quando duas ou mais vogais aparecem juntas em uma palavra, elas formam um **encontro vocálico**.

2. Vamos unir as vogais e formar palavras?

a i ____________ e u ____________ a u ____________

e i ____________ i a ____________ a o ____________

o i ____________ u i ____________ o u ____________

De olho no dicionário

Você já sabe que no dicionário as palavras estão organizadas em ordem alfabética.

Observe as palavras, e suas definições, a seguir.

☐ **uva** (u-va) substantivo
Fruto da videira ou parreira. Cresce reunido em cachos. É muito rico em açúcar. Com o suco da uva são produzidos o vinho e o vinagre.

☐ **eco** (e-co) substantivo
Fenômeno em que há repetição de um som, porque este se reflete numa superfície: *Nas florestas e nas montanhas, podemos observar como se produz o **eco**.*

☐ **oca** (ó) (o-ca) substantivo
Cabana indígena de palha: *A aldeia dos indígenas é formada de muitas **ocas**.*

☐ **abacaxi** (a-ba-ca-xi) substantivo
Fruto comestível de polpa amarela e de casca grossa e áspera.

☐ **ioiô** (io-iô) substantivo
Brinquedo formado por dois pequenos discos presos entre si, com um cordão amarrado entre os dois. O jogador faz o ioiô subir e descer, puxando o cordão e fazendo com que ele se enrole entre os discos.

Aurelinho: dicionário infantil ilustrado da língua portuguesa, de Aurélio Buarque de Holanda Ferreira. Curitiba: Positivo, 2008.

- Agora, organize as palavras, segundo a ordem alfabética, numerando os quadrinhos que aparecem ao lado.

Unidade

3

Sílaba simples

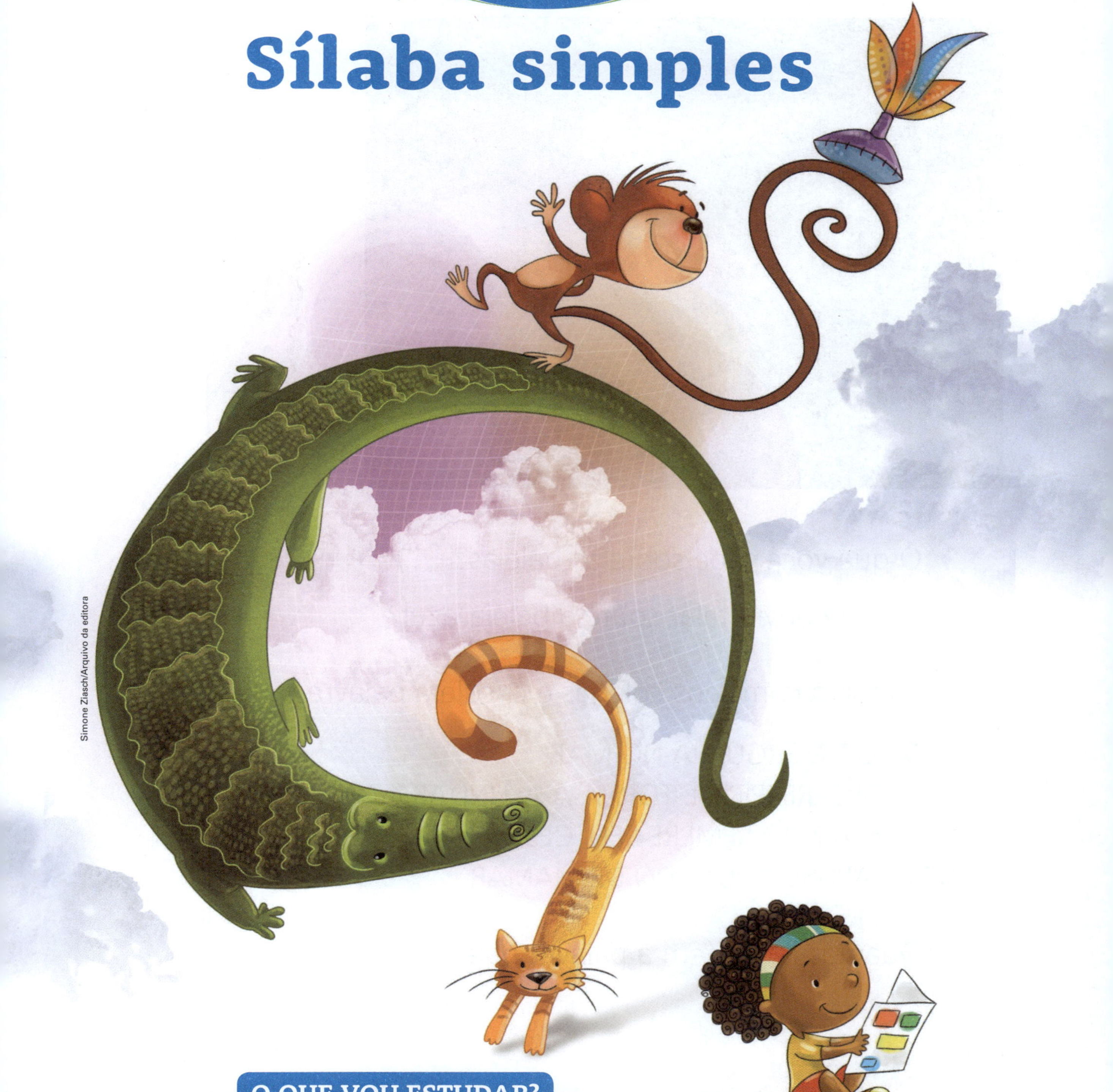

Simone Ziasch/Arquivo da editora

O QUE VOU ESTUDAR?

- Palavras
- Sílabas
- Leitura (poema, conto, cantiga, parlenda)

b B

Mike Parry/Minden/Latinstock

BALEIA
baleia
baleia

ba **Ba**
ba *Ba*

- O que você sabe sobre as baleias?
- Você já ouviu falar sobre a baleia-azul?

1. Leia o texto com seus colegas e circule a palavra **baleia**.

A BALEIA MERGULHA NO MAR.
ELA SOBE, RESPIRA E TORNA A AFUNDAR
VAI NADANDO SEMPRE SEM CESSAR,
NÃO PARA NEM DANDO DE MAMAR.

- Quantas letras tem a palavra baleia? ☐

Saiba mais

As baleias são os maiores animais que existem no mar. A baleia-azul mede cerca de 25 metros e pesa mais de 100 toneladas! Ela é o maior ser vivo do mundo.

2. Circule as partes iguais de cada palavra.

Ilustrações: Ilustra Cartoon/ Arquivo da editora

baleia

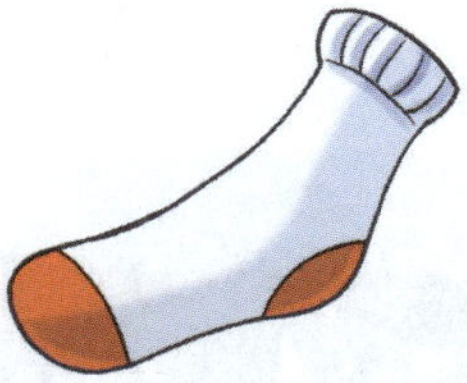
meia

sereia

3. Circule os objetos cujo nome começa com as sílabas indicadas no quadro.

ba				
be				
bi				
bo				
bu				

c C

Pirita/Shutterstock/Glow Images

CAVALO

cavalo

cavalo

ca	Ca
ca	Ca

- Você sabe o que é hipismo?
- Sabe qual é o animal utilizado na prática desse esporte?

1. Leia o poema com os colegas.

Ilustrações: Ilustra Cartoon/Arquivo da editora

OS CAVALOS

QUANDO OS **CAVALOS** MORREM,
SOBEM AOS CÉUS DE MANSINHO.
ENCONTRAM LÁ OS ANJINHOS
E VIRAM **CAVALOS-MARINHOS**.

Bichos diversos, de Aristides Torres Filho. São Paulo: Scipione, 2007.

- Escreva com letra cursiva o nome dos animais que estão destacados no texto.

Saiba mais

Os cavalos-marinhos são pequenos peixes que habitam os oceanos.

2. Leia estas sílabas.

ca co cu

- Agora, circule essas sílabas nos nomes dos seguintes animais.

cachorro

tucano

macaco

cutia

coelho

coruja

3. Forme o nome das figuras com as sílabas do quadro.

co cu co bo co ca

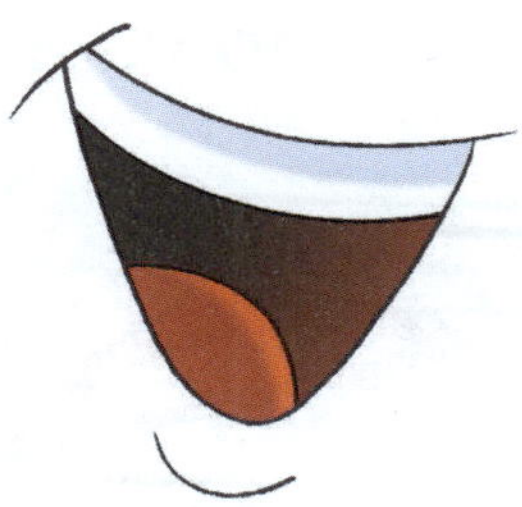

Ilustrações: Ilustra Cartoon/Arquivo da editora

____________ ____________ ____________

d D

Tom Dee Ann McCarthy/Corbis/Latinstock

DOMINÓ

dominó

dominó

do	**Do**
do	*Do*

- Você sabe o nome do jogo que a menina está jogando?

1. Leia o bilhete e circule a palavra **dominó**.

> *Edu,*
> *vamos jogar dominó na*
> *minha casa amanhã?*
> *Bia*

2. Escreva as sílabas **da**, **de** ou **do** para formar as palavras.

Ilustrações: Ilustra Cartoon/ Arquivo da editora

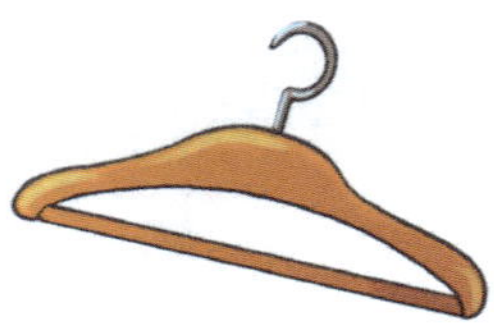

fa________ cabi________ vesti________

3. Observe as figuras e encontre o nome delas no diagrama.

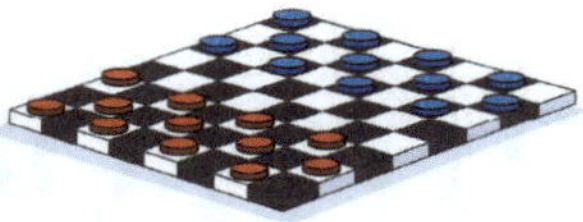

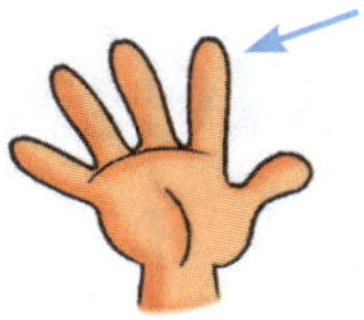

O	R	U	I	H	G	D	L
H	D	A	M	A	X	E	T
M	N	G	I	M	V	D	Y
L	D	A	D	O	W	O	F
U	O	Y	F	D	T	H	A
D	O	M	I	N	Ó	R	D
H	K	T	X	D	I	V	A
P	U	V	F	D	H	K	F

Ilustrações: Ilustra Cartoon/Arquivo da editora

4. Escreva os nomes das crianças em ordem alfabética.
Dica: Observe a sílaba inicial de cada nome.

f F

Matthew Ashton/AMA/Corbis/Latinstock

FUTEBOL

futebol

futebol

fu Fu

fu Fu

- Você gosta de futebol? Torce para algum time?

1. Complete a frase com a palavra **futebol**.

Fábio sempre fala que o Brasil é o país

do ______________.

Ilustra Cartoon/ Arquivo da editora

Arquivo da editora

Charles Miller

Apesar de o futebol ser muito popular no Brasil, não fomos nós, brasileiros, que o inventamos. Quem trouxe o esporte para o Brasil foi Charles Miller, um brasileiro — apesar do nome — que conheceu o futebol quando esteve na Inglaterra. Charles nasceu em São Paulo, em 1874. Aos 20 anos, já organizava, em sua cidade, os primeiros jogos de futebol, esporte que se transformaria em paixão nacional.

2. Junte as sílabas de cores iguais e descubra as palavras.

CA   FÁ   CA   FO

FÉ   FA   BIO   CA

Ilustrações: Ilustra Cartoon/Arquivo da editora

3. Leia estas frases e copie-as.

Fábio foi ao jogo de futebol.

O dia estava abafado.

g G

Seiji/Shutterstock/Glow Images

GATO
gato
gato

ga	Ga
ga	Ga

- Você tem ou conhece alguém que tenha um gato? Como ele é?

1. Leia o texto com o professor e os colegas e circule a palavra **gato**. Depois, pinte a cena.

GATO XADREZ

ERA UMA VEZ
GATO XADREZ...
USAVA TERNO, MEIA E
SAPATO. E ERA AMIGO DE
UM CARRAPATO...
TOCAVA FLAUTA E VIOLÃO.
TINHA CAMINHA
COM UM COLCHÃO.
EU NUNCA VI
UM GATO ASSIM.
O MIADO DELE
É UM "ATCHIM"!

Mario Pita/Arquivo da editora

Ouve só..., de Maria Mazzetti. Rio de Janeiro: Ao Livro Técnico, 1986.

2. Complete o nome das figuras com as sílabas **Ga**, **ga**, **Go**, **go**, **Gu** ou **gu**.

Ilustrações: Ilustra Cartoon/Arquivo da editora

_______to _______leiro _______stavo

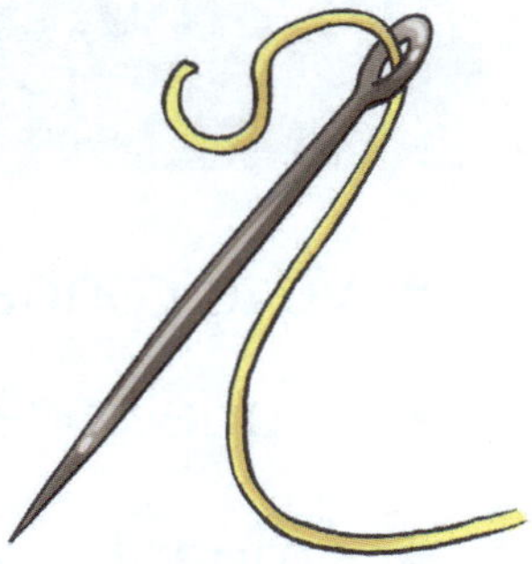

_______briela _______rete a_______lha

3. Troque a primeira letra de cada palavra pela letra **g**. Escreva as novas palavras que você formou.

BATO ____________________ **C**OLA ____________________

DADO ____________________ **M**ULA ____________________

4. Complete a frase com as palavras do quadro.

gato	goiaba	gude

O ____________________ pegou a ____________________ e derrubou a bolinha de ____________________.

j J

Alivepix/Shutterstock/Glow Images

JACARÉ

jacaré

jacaré

ja **Ja**

ja *Ja*

- Você conhece o animal da foto?
- O que você sabe sobre ele?

1. Acompanhe a leitura do poema. Circule a palavra **jacaré**.

Ilustra Cartoon/Arquivo da editora

CHATICE

JACARÉ,
LARGA DO MEU PÉ,
DEIXA DE SER CHATO!

SE VOCÊ TEM FOME,
ENTÃO VÊ SE COME
SÓ O MEU SAPATO,

E LARGA DO MEU PÉ,
E VOLTA PRO SEU MATO,
JACARÉ!

Olha o bicho, de José Paulo Paes. São Paulo: Ática, 2008.

2. Complete o nome das crianças com **Ja**, **Jo** e **Ju**.

Ilustrações: Ilustra Cartoon/Arquivo da editora

_______ão _______ne _______ca

3. Complete a história escrevendo o nome **João** nos espaços.

João e o pé de feijão

__________ era um menino muito pobre.
A sua mamãe o mandou ao mercado para vender a velha vaca, mas __________ trocou-a por cinco feijões mágicos.
Foi a sua sorte! Graças a uma planta de feijão, __________ descobriu um castelo habitado por um terrível ogro.
Conseguiu roubar-lhe moedas de ouro e por fim uma galinha que punha ovos de ouro! Desde aquele dia, __________ e sua mãe nunca mais foram pobres!

O alfabeto das fábulas: viaje através das letras com personagens das fábulas. Todolivro, 2008.

- Agora, com seus colegas de classe, reescreva a história. Enquanto vocês vão falando, o professor vai escrevendo na lousa. Depois, cada um copia no seu caderno e faz um bonito desenho.

1 L

Stefan Pecher/Shutterstock/Glow Images

LOBO
lobo
lobo

lo	Lo
lo	*Lo*

- Você sabe o nome deste animal?
- Este animal aparece em algumas histórias infantis e canções. Você conhece alguma história ou canção com este animal?

1. Você conhece esta cantiga? Circule a palavra **lobo** no texto.

PELA ESTRADA AFORA,
EU VOU BEM SOZINHA,
LEVAR ESTES DOCES
PARA A VOVOZINHA!
ELA MORA LONGE,
O CAMINHO É DESERTO
E O LOBO MAU
PASSEIA AQUI POR PERTO!

Popular.

Ilustrações: Ilustra Cartoon/Arquivo da editora

2. Decifre o enigma e descubra uma palavra. Depois, escreva-a na pauta.

 +  – do →

3. Ouça a leitura do professor e complete as palavras com **la**, **le**, **li**, **lo** ou **lu**.

Lá em casa

Ilustrações: MW Ilustrações/Arquivo da editora

Lá em casa
tem uma
ga______nha.
A ga______nha
có e os pintinhos piu.
Lá em casa tem um ga______.
O ga______ co-có, a ga______nha
có e os pintinhos piu.
Lá em casa tem uma mu______.
A mu______ rrriii, o ga______
co-có, a ga______nha có e os
pintinhos piu.
Lá em casa tem um vaga______me.
O vaga______me zzzz, a mu______ rrriii,
o ga______ co-có, a ga______nha có
e os pintinhos piu.
Lá em casa tem um e______fante.
O e______fante hiiii, o vaga______me zzzz, a
mu______ rrriii, o ga______ co-có, a ga______nha
có e os pintinhos piu.

Adaptado do folclore.

m M

Pete Oxford/Minden Pictures/Latinstock

MACACO

macaco

macaco

ma	Ma
ma	*Ma*

- Você já viu este tipo de macaco? Sabe qual é o nome popular dele?

1. Leia a parlenda com o professor. Depois, circule no texto a palavra **macaco**.

MEIO-DIA,
PANELA NO FOGO,
BARRIGA VAZIA;
MACACO TORRADO
QUE VEM DA BAHIA;
PANELA DE DOCE
PARA DONA MARIA.

Popular.

Ilustra Cartoon/Arquivo da editora

2. Pinte da mesma cor os crachás com o mesmo nome.

3. Leia as palavras. Depois, troque as letras destacadas por **m** e forme novas palavras.

COLA ____________________________

GOLA ____________________________

LATA ____________________________

DEDO ____________________________

BICO ____________________________

ADÉLIA ____________________________

n N

Lars Christensen/Shutterstock/Glow Images

NUVENS

nuvens

nuvens

nu	Nu
nu	Nu

- Você sabe como se formam as nuvens? Conte aos colegas.

1. Com o professor, leia a parlenda a seguir. Depois, pinte a palavra que começa com **nu**.

QUEM ALTO QUER SUBIR
SEM TER ASAS PRA VOAR,
AS NUVENS JÁ ESTÃO RINDO
DA QUEDA QUE ELE HÁ DE DAR.

Popular.

2. Complete as palavras com as sílabas **na**, **ne**, **ni**, **no** ou **nu**.

Ilustrações: Mario Pita/Arquivo da editora

ba______

bo______ca

ca______a

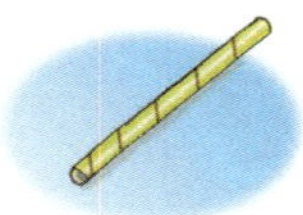

ca______do

me______

3. Descubra a adivinha a seguir.

O QUE É, O QUE É?
ELA AGORA É UMA FLOR,
DAQUI A POUCO,
UM CARNEIRINHO.
É LEVE, VOA, FLUTUA
LÁ NO CÉU BEM DE MANSINHO.

Yara Najman.

Mario Pita/Arquivo da editora

- Descobriu? Então, escreva a resposta.

4. Observe a numeração e as sílabas correspondentes.

1	2	3	4	5	6	7	8	9
li	ca	ni	da	na	nu	mo	do	me

- Escreva nos quadrinhos a sílaba correspondente a cada número. Depois, copie a palavra formada.

1 7 5 4

2 6 8

9 3 5

p P

Fabio Mangabeira/Editora Abril

PETECA
peteca
peteca

pe Pe
pe Pe

- Você já brincou de peteca?

1. Leia o poema e circule a palavra **peteca**.

BATE, BATE A PETECA VAI.
CUIDADO SENÃO ELA CAI!
NO BATE E REBATE A PETECA VEM.
CUIDADO PARA NÃO CAIR TAMBÉM.

2. Complete as palavras com **pa**, **pe**, **pi**, **po** ou **pu**.

________nela

________ão

Fili________

Ilustrações: Mario Pita/Arquivo da editora

co________

________lando

3. Leia as palavras deste baú com seus colegas de classe.

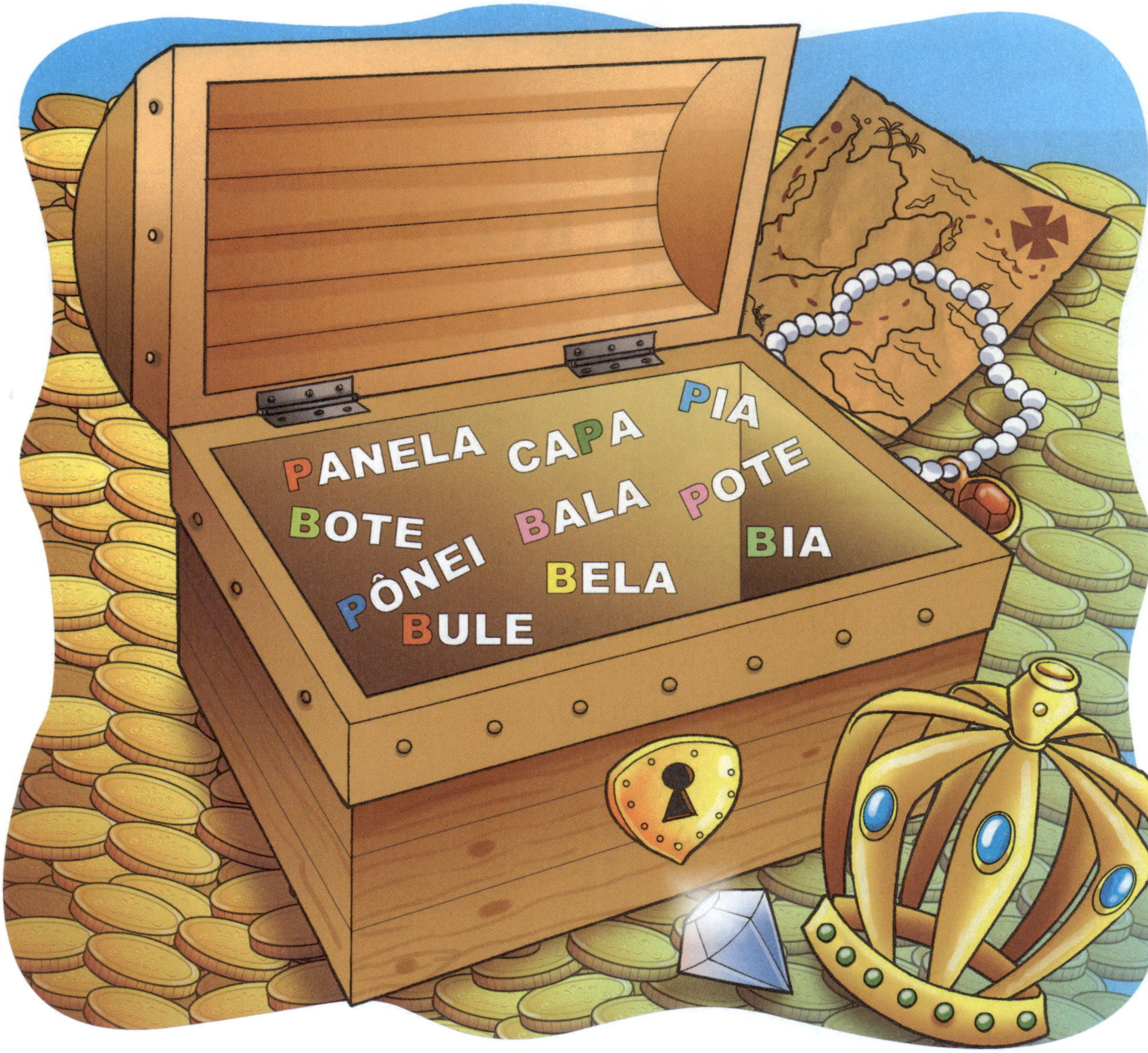

Ilustrações: Ilustra Cartoon/Arquivo da editora

- Agora, escreva no quadro as palavras do baú.

b	p

r R

Sentimental Photos/Shutterstock/Glow Images

ROSA

rosa

rosa

ro	**Ro**
ro	*Ro*

- Você sabe o nome desta flor?
- Que outras flores você conhece?

1. Acompanhe a leitura desta quadrinha. Circule no texto a palavra **rosa**.

FUI FAZER A MINHA CAMA
NA JANELA MAIS VENTOSA;
DEU UM VENTO NA ROSEIRA
ME ENCHEU A CAMA DE ROSA.

Popular.

2. Complete o nome dos desenhos com as sílabas **ra**, **re**, **ri**, **ro** ou **ru**.

Ilustrações: Mario Pita/ Arquivo da editora

______bô

______da

______posa

______a

______acho

______lógio

3. Leia o poema abaixo com seus colegas de classe. Depois, copie os versos com letra cursiva escrevendo o nome das figuras.

O r é o  que rói

a  do rei da Rússia

e ri de raiva da 

sem recear a  .

Uma letra puxa a outra, de José Paulo Paes. São Paulo: Companhia das Letrinhas, 2000. Texto adaptado.

4. Observe as figuras a seguir.

1 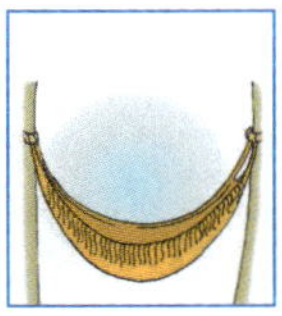

2 

3 

4 

5 

6 

7 

8 

Ilustrações: Mario Pita/ Arquivo da editora

- Leia as palavras e numere-as de acordo com as figuras acima.

☐ rodo	☐ remo	☐ rede	☐ robô
☐ rádio	☐ roupa	☐ roda	☐ rosa

s S

Pete Oxford/Minden Pictures/Latinstock

SAPO

sapo

sapo

sa	Sa
sa	*Sa*

- Você já viu um sapo?
- Você sabe como eles nascem? E onde eles vivem?

1. Leia a adivinha. Para descobrir de quem se trata, ligue as letras da figura na ordem alfabética. Depois, escreva o nome.

DENTRO DO BREJO,
SOU O MAIORAL.
JANTAR INSETOS
PARA MIM É NORMAL.

Adivinhas e trava-línguas, tradução de Walter Sagardoy. São Paulo: Caramelo, 2009.

____

Ilustra Cartoon/Arquivo da editora

2. Circule a palavra que dá nome às figuras.

Ilustrações: Ilustra Cartoon/Arquivo da editora

sofá Sol soda

sapato salada sacola

Simone sinal sino

Sueli suco Suécia

selo seco sede

sofá seco sede

- Escreva abaixo as palavras que você circulou.

____

____

t T

Fabio Colombini/Acervo do fotógrafo

TATU

tatu

tatu

ta Ta

ta Ta

- Você sabe qual é o nome deste animal?
- Você sabia que este animal está ameaçado de extinção?

1. Leia o poema com os colegas. Circule a palavra **tatu**.

Ilustra Cartoon/Arquivo da editora

PROCURA

— ONDE TÁ TU, TATU?
— ME ESCONDI NUM BURACO,
MAS DEIXEI O RABO DE FORA.
POR ISSO, SE VOCÊ ENCONTRAR
UM BURACO COM RABO,
NEM PRECISA GRITAR:
— ONDE TÁ TU, TATU?

Olha o bicho, de José Paulo Paes.
São Paulo: Ática, 2008.

extinção: desaparecimento.

2. Copie as frases escrevendo o nome das figuras. Use letra cursiva.

Tatiana pediu uma 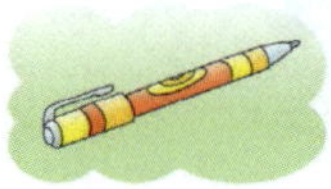 nova.

Otávio viu o  no lago.

Roberta emprestou seu  a Tomás.

Ilustrações: Mario Pita/Arquivo da editora

3. Ordene as sílabas e forme palavras que indicam meios de comunicação.

são | te | vi | le

vis | re | ta

ta | car

bi | te | lhe

4. Descubra novas palavras, trocando o **d** por **t**.

dia → ______ nada → ______

cada → ______ dela → ______

v V

Dudarev Mikhail/Shutterstock/Glow Images

VACA
vaca
vaca

va Va
va Va

- Você já viu uma vaca?
- O que você sabe sobre esse animal?
- Do que ela se alimenta?

1. Acompanhe a leitura do texto. Depois, circule a palavra **vaca** toda vez que ela aparecer.

VACA MIMOSA, QUE BELA, QUE LINDA!
TEM QUATRO PERNAS, PERNAS DE VACA.
VACA MIMOSA, QUE BELA, QUE LINDA!
TEM PELO MALHADO, PARECE ESTAMPADO.
VACA MIMOSA, QUE BELA, QUE LINDA!
TEM OLHOS DE VACA, REDONDOS QUE
BRILHAM!
SEUS OLHOS DE VACA PARECEM ESTRELAS,
E A VACA, SORRINDO, TEM LUA NA BOCA.

Ilustra Cartoon/Arquivo da editora

A vaca mimosa e a Mosca Zenilda, de Sylvia Orthof. São Paulo: Ática, 2001.

2. Forme o nome das figuras com as sílabas do quadro.

VA	O	VE	LI	VI	NO	SO
VI	NE	ÃO	CA	LE	TE	A

Ilustrações: Ilustra Cartoon/ Arquivo da editora

______

______

______

______

______

______

3. Descubra outras palavras, trocando **f** por **v**.

faca → ______ fila → ______

feia → ______ fala → ______

4. Encontre no diagrama os nomes das figuras.

K	H	V	Y	I	P	A	V	Ã	O
D	V	I	O	L	Ã	O	T	N	F
M	U	V	X	M	J	B	H	V	J
L	N	Z	U	I	N	V	E	L	A
V	L	O	V	O	B	V	H	O	J
C	V	F	A	K	B	H	V	F	C
K	N	R	V	R	A	V	I	Ã	O

x X

ZOFotography/Shutterstock/Glow Images

LIXO
lixo
lixo

xo Xo
xo Xo

- Você tem o hábito de jogar o lixo na lixeira?
- Por que essa atitude é importante?
- Em sua casa, o lixo é separado para reciclagem?

1. Copie a frase trocando a figura pela palavra.

Nem tudo que jogamos fora é  .

2. Complete o nome das figuras com **xa**, **xe**, **xi** ou **xo**.

cai | ___ | te

li | ___

a | ba | ca | ___

Ilustrações: Ilustra Cartoon/ Arquivo da editora

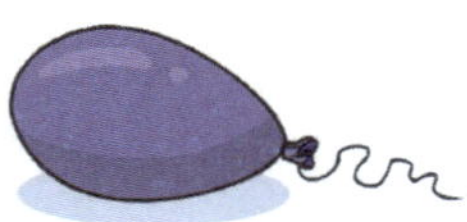

be | ___ | ga

pei | ___

___ | le

3. Leia as palavras do quadro.

peixe	caixote	roxo	xodó	ameixa	xale
lixo	bexiga	faxina	abacaxi	xícara	baixo

a) Ouça as palavras que o professor vai falar e circule-as.

b) Copie as palavras que o professor não falou e separe as sílabas.

____

____

4. Observe as caixas:

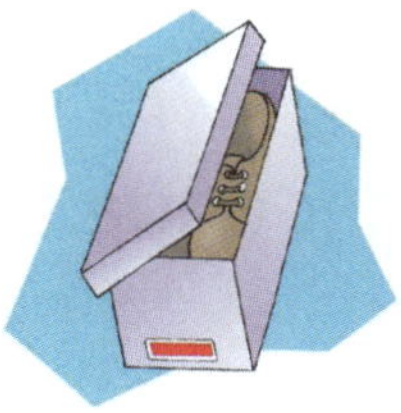

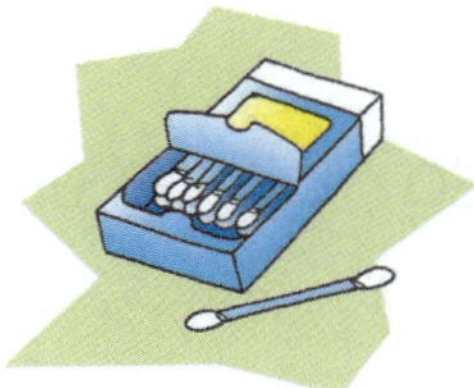

Ilustrações: Mario Pita/ Arquivo da editora

- Escolha uma delas e escreva uma frase sobre ela.

____

____

5. Acompanhe a leitura que o professor vai fazer do poema.

O **X** DA QUESTÃO
NÃO TEM SOLUÇÃO.

O **X** DO MAXIXE
NÃO PISA NO PICHE.

NEM O **X** DO XINGU
GOSTA DE CHUCHU.

JÁ O **X** DE XAVANTE
É MUITO ELEGANTE.

SÓ NÃO É BASTANTE
PARA A COCHINCHINA,
ONDE O **X** NÃO É
NEGÓCIO DA CHINA.

O a-bê-cê da Dica Nanica, de Reynaldo Valinho Alvarez. Rio de Janeiro: Agir, 2002.

- Agora, circule as palavras que têm a letra **x**.

z Z

Mogens Trolle/Shutterstock/Glow Images

ZEBRA

zebra

zebra

ze Ze

ze *Ze*

- O que você sabe sobre a zebra?
- Você já viu a zebra no zoológico? Como era o lugar onde ela estava?

1. Organize as sílabas e escreva o nome das figuras.

bu | na | zi

____

a | le | jo | zu

____

zei | to | a | na

____

Ilustrações: Ilustra Cartoon/Arquivo da editora

Saiba mais

As listras das zebras parecem iguais, mas nunca se repetem. Cada zebra tem uma estampa única.

As listras funcionam como camuflagem para as zebras se protegerem dos seus principais predadores: leões e hienas.

2. Complete as palavras com a sílaba **ze**.

11 → on ______	14 → quator ______
12 → do ______	15 → quin ______
13 → tre ______	16 → de ______ sseis

3. Leia e copie a frase, trocando as figuras por palavras. Use letra cursiva.

No dia 

, Zazá foi ao zoológico ver a  que chegou.

____

____

____

4. Observe o quadro e complete.

	palavra	sílabas	número de sílabas
za	Tereza	Te-re-za	3
ze	azedo	______	______
zi	______	bu-zi-na-da	______
zo	juízo	______	3
zu	Zuleica	______	______

k, w, y

KELLY	WÁLTER	WILSON	YARA
Kelly	Wálter	Wilson	Yara
Kelly	Wálter	Wilson	Yara

Monkey Business Images/Shutterstock/Glow Images

- Alguém da turma tem no nome as letras **k**, **w** ou **y**?
- Você sabe em que são usadas essas letras?

1. Agora, escreva o nome de um colega ou familiar que tenha a letra **k**, **w** ou **y**.

____

2. No alfabeto estão faltando as letras **k**, **w** e **y**. Vamos escrevê-las?

a b c d e f g h i j ____ l m

n o p q r s t u v ____ x ____ z

3. Pesquise em jornais e revistas palavras que tenham as letras **k**, **w** e **y**. Recorte-as e cole-as no espaço abaixo.

De olho no dicionário

Observe esta página de dicionário.

Cc

cauda **celeste**

cauda (cau-da) *substantivo*
1. Prolongamento da parte de trás do corpo de alguns animais; rabo.
2. Penas que crescem na parte de trás do corpo das aves; rabo. **3.** A parte de trás ou o prolongamento de certas coisas: *a **cauda** do avião.*

caule (cau-le) *substantivo*
Parte das plantas que sustenta as folhas e é ligada à raiz.

causa (cau-sa) *substantivo*
Aquilo ou aquele que provoca alguma coisa; razão, motivo: *A **causa** das chuvas é a evaporação das águas dos rios, dos mares, etc.*

© 2001-2008 HAAP Media Ltd/ Lars Sundström

cavalo (ca-va-lo) *substantivo*
1. Mamífero quadrúpede, de grande porte, usado para montaria e para puxar carros. O cavalo, sem mexer a cabeça, pode enxergar dos lados, por causa da posição de seus olhos. Vive cerca de 30 anos. [Feminino: *égua*.] **2.** Peça de jogo de xadrez.

cavar (ca-var) *verbo*
Abrir buraco na terra com enxada ou com outro objeto qualquer: *Júlio **cavou** a terra e plantou uma árvore.*

caveira (ca-vei-ra) *substantivo*
O esqueleto da cabeça.

caverna (ca-ver-na) *substantivo*
Grande buraco no interior da terra ou na parte lateral das montanhas; gruta: *Antigamente, os seres humanos viviam em **cavernas**.*

caxinguelê (ca-xin-gue-lê) *substantivo*
Pequeno mamífero roedor, de rabo longo e peludo, que vive nas árvores; esquilo. Alimenta-se de pequenos frutos duros.

✻**CD** *substantivo*
Disco compacto. Há um tipo de CD, o CD-ROM, que armazena imagem e som digitalizados.

cedilha (ce-di-lha) *substantivo*
Sinal gráfico (¸) que é usado sob o c (ç), antes de *a*, *o*, *u*, para indicar que tem o som de *s* inicial: *dançar, abraço, açúcar.*

cego (ce-go)
• *substantivo* **1.** Pessoa que não vê: *O menino ajudou o **cego** a atravessar a rua.*
• *adjetivo* **2.** Diz-se de instrumento sem gume: *A faca ficou **cega**.*

celeste (ce-les-te) *adjetivo*
Que está no céu ou que se avista nele: *As estrelas são corpos **celestes**.*

75

Aurélio Buarque de Holanda Ferreira/Editora Positivo

Aurelinho: dicionário infantil ilustrado da língua portuguesa, de Aurélio Buarque de Holanda Ferreira.Curitiba: Positivo, 2009.

1. Qual é a palavra que aparece logo depois de caverna?

____

2. Que outro nome de animal também aparece nessa página?

____

Unidade

4

Sílabas complexas

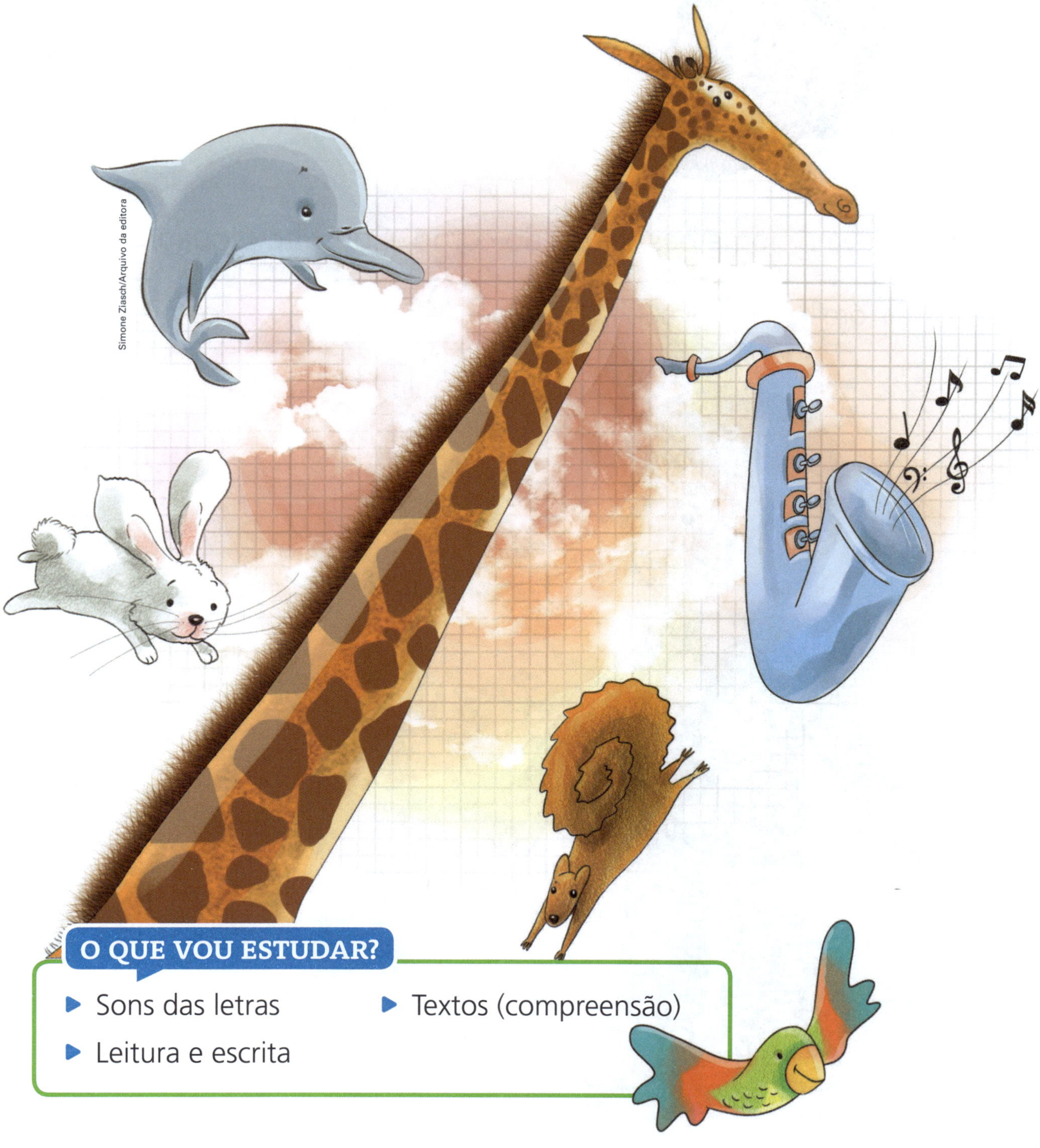
Simone Ziasch/Arquivo da editora

O QUE VOU ESTUDAR?

- Sons das letras
- Leitura e escrita
- Textos (compreensão)

coração

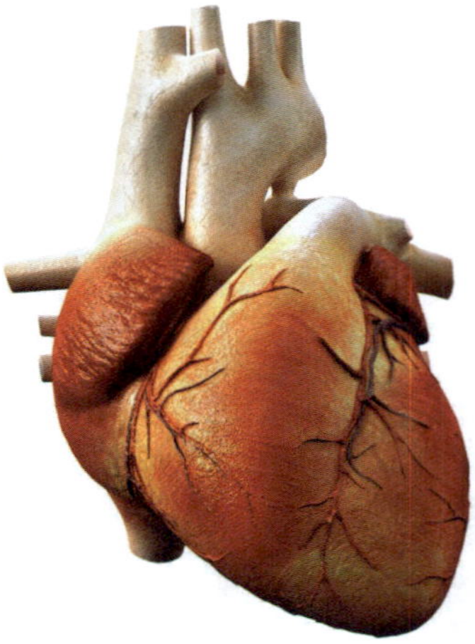

Marema/Shutterstock/Glow Images

coração

coração

- Você sabe em que lugar do nosso corpo está o coração?

1. Escreva o nome das partes do corpo. Consulte o quadro.

orelha	mão	pé	nariz	cotovelo

Ilustra Cartoon/Arquivo da editora

2. Leia estas palavras e preste atenção no som da consoante **r**.

MW Editora Ilustrações Ltda./ Arquivo da editora

rato

arara

a) O que você percebeu?

____

____

____

b) Agora, leia as palavras do quadro e distribua-as nos dois grupos, de acordo com o som da consoante **r**.

perereca raio recado caramelo rua pirulito

rato	**arara**

3. Acrescente a consoante **r** para completar as palavras. Depois, leia-as em voz alta:

si___i ___ua taga___ela

xíca___a ___ecado pi___ata

ama___elo ___ádio ___osa

- Escolha duas das palavras acima e escreva uma frase com elas.

____

____

____

Terra

Cloki/Shutterstock/Glow Images

Terra

Terra

- O que você sabe sobre o nosso planeta?

1. Leia estas palavras. Qual é a diferença entre elas?

Terra   terra

____

____

____

2. Complete os espaços com **rr** e, a seguir, leia as palavras.

Ilustrações: Mario Pita/ Arquivo da editora

mo______o   to______e   ga______a   ja______a

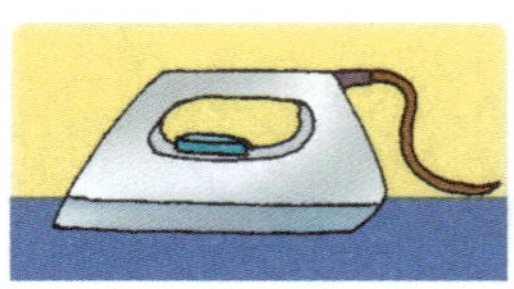

bu______o   se______ote   fe______o   beze______o

3. Você conhece outras palavras que têm **rr**? Escreva-as no caderno.

4. Observe as ilustrações e leia as palavras correspondentes em voz alta. Depois, separe as sílabas das palavras nos quadrinhos.

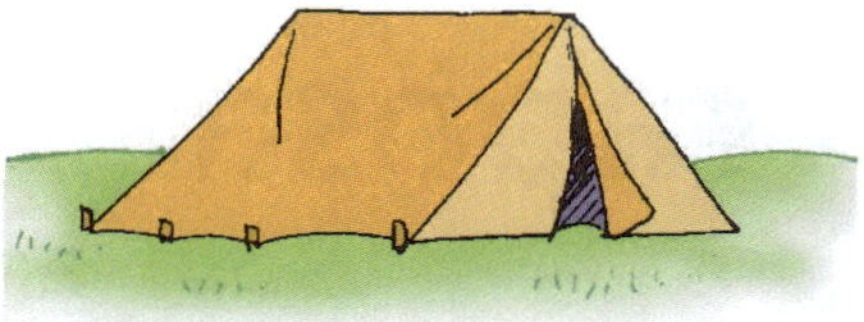

barraca

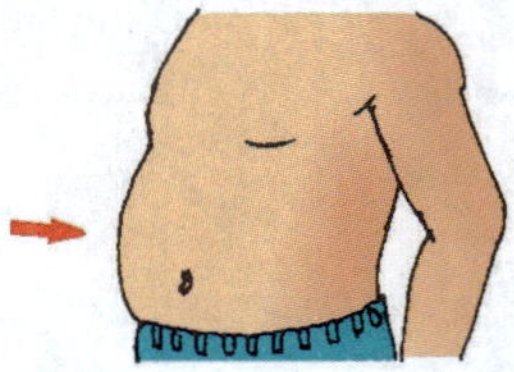

barriga

gorro

Ilustrações: Mario Pita/ Arquivo da editora

5. Leia, com o professor e os colegas, os grupos de palavras e compare os sons do **r**.

rainha	**r**iqueza	______
rocambole	**r**oxo	______
remédio	**r**uga	______

bai**rr**o	fe**rr**amenta	______
ca**rr**egado	fe**rr**ovia	______
ca**rr**inho	a**rr**umação	______

ba**r**ata	tou**r**o	______
ga**r**ota	xe**r**ife	______
vassou**r**a	fa**r**inha	______

- Você percebeu alguma diferença? Conte aos colegas e escreva mais três palavras com o mesmo som em cada quadro.

raposa

Arthur van der Kooij/Shutterstock/Glow Images

raposa

raposa

- Você já viu uma raposa? Como ela era?

1. Escreva o nome do animal acima.

____

2. Leia as palavras do quadro.

casamento	lousa	teimoso	rosa	asas
camiseta	música	casa	visita	aviso
liso	asilo	besouro	vaso	pesado

- Agora, complete com palavras do quadro de acordo com o que se pede.

Membros das aves: ______________________________

O contrário de obediente: ______________________________

Local onde as pessoas moram: ______________________________

É um inseto: ______________________________

Peça do vestuário: ______________________________

3. Leia estas palavras pronunciando com atenção as sílabas destacadas.

sapato

rapo**sa**

a) Ao pronunciar essas sílabas, o que você percebeu?

b) Leia as palavras a seguir e distribua-as nos dois grupos, de acordo com o som do **s**.

selo	rosa	música	tesouro	sujo
sino	liso	sofá	desejo	saia

sapato	raposa

4. Complete as palavras com **s** ou **z**. Depois, ligue-as às respectivas figuras.

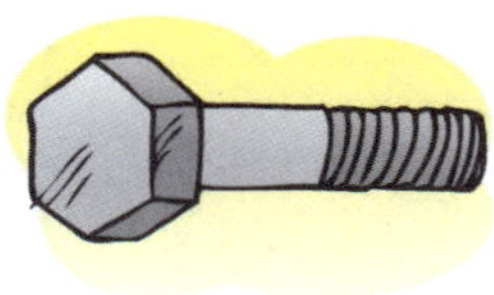

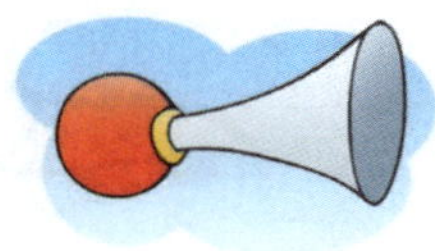

nature____a

ca____aco

parafu____o

bu____ina

Ilustrações: MW Ilustrações/Arquivo da editora

pássaro

Dave and Sigrun Tollerton/Alamy/Glow Images

pássaro

pássaro

- Você conhece algum pássaro?
- Você sabe a que grupos de animais os pássaros pertencem?

1. Leia o texto.

O PÁSSARO-CETIM MACHO CONSTRÓI UM ABRIGO PARA ATRAIR AS FÊMEAS. ELE USA O ABRIGO PARA MOSTRAR AS COISAS QUE CONSEGUIU REUNIR. ELE COLOCA FRUTOS, PENAS E CONCHAS, TODAS AZUIS COMO ELE. CHEGA ATÉ A AMASSAR FRUTINHAS AZUIS PARA PINTAR AS PAREDES DE SEU ABRIGO COM O SUCO AZUL.

Como? Onde? Por quê?, tradução de Carolina Caires Coelho. Barueri: Girassol, 2007.

- De que cor são as penas do pássaro-cetim macho? Pinte-as.

Ilustra Cartoon/Arquivo da editora

2. Leia as palavras.

pássaro	pássaros

- Agora, escreva-as abaixo da figura que representa cada uma.

Ilustrações: Ilustra Cartoon/Arquivo da editora

3. Leia as palavras do quadro em voz alta.

aviso	sabonete	vassoura
Simone	assobio	música

- Agora, escreva as palavras nos quadros de acordo com o som do **s** dos nomes das figuras.

sapo

raposa

pássaro

borboleta

Sari ONeal/Shutterstock/Glow Images

borboleta

borboleta

- Você já viu uma borboleta? Onde você estava?

1. Leia o poema e circule a palavra **borboleta**. Depois, ilustre o texto no espaço ao lado.

NO AR

A NUVEM PASSOU VOANDO,
RAIO DE SOL FOI ATRÁS.

UMA FLOR PASSOU VOANDO,
BORBOLETA FOI ATRÁS.

BEIJA-FLOR PASSOU VOANDO,
O MEU OLHAR FOI ATRÁS.

UM ANJO PASSOU VOANDO,
EU QUERIA IR ATRÁS.

— MESMO CORRENDO TE ATRASAS —

DISSE O ANJO COM PACIÊNCIA.

PRECISO DE UM PAR DE ASAS
COM URGÊNCIA!

Remar, rimar, de Teresa Noronha. São Paulo: Scipione, 2007.

- Agora, escreva o nome do animal que foi atrás da flor.

2. Complete as palavras com a letra **r**. Depois, copie as novas palavras que você formou.

copo → co___po →

pena → pe___na →

cata → ca___ta →

foca → fo___ca →

3. Complete o quadro.

	palavras	sílabas	número de sílabas
ar	Marcelo	___	___
er	___	ca-der-no	3
ir	irmão	___	2
or	mortadela	___	4
ur	___	ur-so	___

4. Ordene as palavras e escreva a frase.

borboletas   de   As   em   árvore.   árvore   voam

castelo

LianeM/Shutterstock/Glow Images

castelo

castelo

- Você conhece alguma história que tenha castelos?
- E castelo de verdade, você já viu algum?

1. Faça um **X** na palavra que começa com a sílaba **cas**, como em **castelo**.

☐ basta ☐ casca

☐ pasta ☐ gasta

2. Leia as palavras em voz alta. Depois, copie-as com letra cursiva nos quadros correspondentes.

escola	fusca	lasca	mosca	cuspe
mistura	posto	máscara	pista	escuridão

as	es	is	os	us

3. Complete as frases com as palavras adequadas.

gata | gasta

A sola do sapato está ____________________.

pata | pasta

Coloquei os papéis dentro da ____________________.

pote | poste

O ____________ perto de casa estava sem luz.

4. Observe as ilustrações e complete. Veja o exemplo.

Quando é um.		Quando é mais de um.
 o fósforo	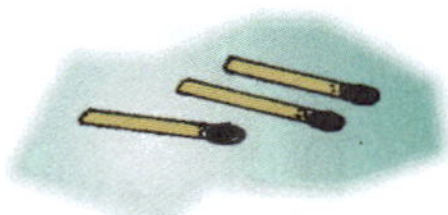	os fósforos
 a escova	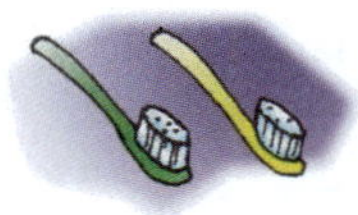	____________
 o biscoito		____________
 o carro		____________
 a bola		____________

Ilustrações: Mario Pita/Arquivo da editora

- Agora, complete:

Nas palavras acima, acrescentamos a letra ______ para indicar que há mais de um elemento.

cigarra

Priscilla R. Steele/Shutterstock/Glow Images

cigarra

cigarra

- Quem da classe já ouviu o canto de uma cigarra?

1. Complete a história com a palavra **cigarra**.

Ilustrações: Mario Pita/Arquivo da editora

No verão a ____________ canta e a formiga trabalha.

Chega o inverno, a ____________ vai à casa da formiga pedir comida.

— Dona cigarra, o que é que você fez durante o verão?

A ____________ responde:

— Eu cantei para alegrar a vida de todos!

2. Complete os espaços com **ce** ou **ci** e leia as palavras.

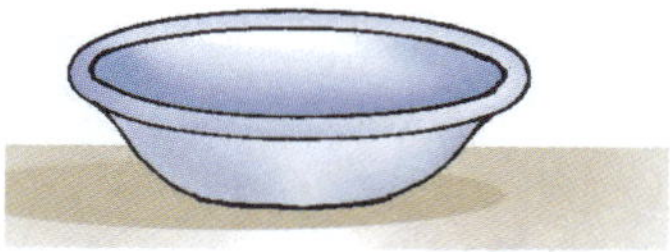

ba_____a

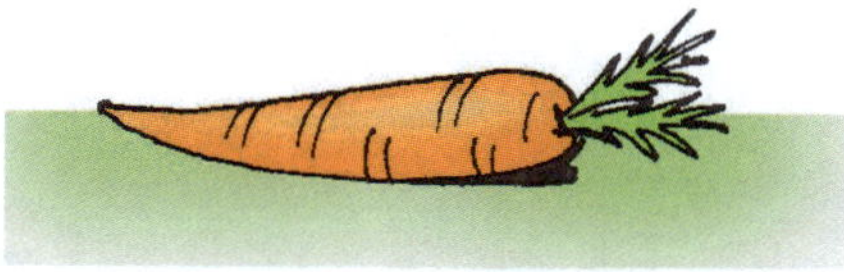

_____noura

do_____

Ilustrações: Mario Pita/Arquivo da editora

_____garra

_____bola

te_____do

3. Leia o texto a seguir com o professor.

A MÃE DE CIRO E SIMONE LEVOU-OS PARA TOMAR VACINA. SAÍRAM DE CASA BEM CEDO. CIRO E SIMONE SENTIRAM MUITO SONO, MAS ACOMPANHARAM A MÃE SEM RECLAMAR, POIS SABEM QUE É IMPORTANTE TOMAR VACINA PARA EVITAR CERTAS DOENÇAS.

a) Escreva nos quadrinhos o que se pede.

O nome da menina: [ ]

O nome do menino: [ ]

O que as crianças foram fazer? [ ]

Quem levou as crianças? [ ]

Quando as crianças saíram? [ ]

b) Copie do texto as palavras que têm as sílabas **ce** ou **ci**.

____

girafa

EcoPrint/Shutterstock/Glow Images

girafa

girafa

- Você já viu uma girafa?
- Se alguém lhe pedisse que descrevesse uma girafa, como você começaria?

1. Leia o poema com o professor e os colegas. Depois, circule a palavra **girafa**.

COM INVEJA DAS CRIANÇAS
A GIRAFA ESTICA O PESCOÇO
E COME UMA NUVEM BRANCA,
PENSANDO QUE É ALGODÃO-DOCE.

A zebra, a girafa e outros bichos..., de Milton Camargo. São Paulo: Ática, 1988.

Ilustra Cartoon/Arquivo da editora

2. Escreva uma frase sobre a girafa.

3. Complete os espaços com **ge** ou **gi**. Depois, leia as palavras.

Ilustrações: Mario Pita/ Arquivo da editora

reló_____o Re_____na _____rafa _____lo

4. Recorte, de jornais, revistas e folhetos, palavras que tenham **ge**, **je**, **gi** e **ji**. Depois, cole-as no caderno.

5. Forme novas palavras unindo as sílabas destacadas.

gilete	barata	abafado	_____
algema	bola	domingo	_____

6. Leia as palavras do quadro com seus colegas. Depois, escreva as palavras que dão nome às ilustrações.

mágico	golfinho	girassol	geladeira	galo	relógio

Ilustrações: Ilustra Cartoon/ Arquivo da editora

_____ _____ _____

  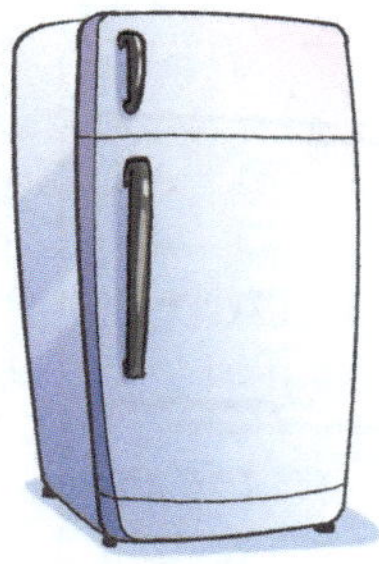

_____ _____ _____

Sol

Anastasiya Igolkina/Shutterstock/Glow Images

Sol

Sol

- O que você sabe sobre o Sol?
- Qual é a importância do Sol para a vida na Terra?

1. Leia com seus colegas de classe.

SOL

É UMA PALAVRA REDONDA
QUE AQUECE E BRILHA,
DÁ VIDA AO VERDE,
E MAIS VIDA À VIDA.

Ilustra Cartoon/Arquivo da editora

O jogo das palavras mágicas, de Elias José. São Paulo: Paulinas, 1996.

2. Complete as palavras e leia-as.

al	el	il	ol	ul
___tura	past___	Abiga___	carac___	az___
___moço	an___	fun___	anz___	___timo
anim___	hot___	barr___	s___dado	m___tidão

3. Separe as sílabas das palavras abaixo, escrevendo uma sílaba em cada quadrinho. Depois, escreva a palavra inteira ao lado.

Ilustrações: Ilustra Cartoon/Arquivo da editora

caracol

alfinete

carretel

jornal

funil

soldado

anel

algodão

balanço

Pio3/Shutterstock/Glow Images

balanço

balanço

- O balanço é um dos brinquedos favoritos das crianças. É o seu também? Por quê?

1. Leia as palavras do quadro abaixo.

vento	cinto	onze	lendo	mundo
bonde	fundo	anjo	pingo	balanço

- Agora, escreva as palavras no quadro abaixo conforme as indicações. Veja o exemplo.

an	en
anjo	

in	on	un

2. Veja a foto desta fruta.

Viktar Malyshchyts/ Shutterstock/Glow Images

- Faça um **X** onde está escrito o nome dela.

☐ santo ☐ banco ☐ manga

3. Veja a palavra **balanço** dividida em sílabas: **ba-lan-ço**.

- Agora, separe as sílabas das palavras e indique o número de sílabas.

enfermeiro → ______________________ ☐

comerciante → ______________________ ☐

fantasma → ______________________ ☐

gigante → ______________________ ☐

4. Acompanhe a leitura do poema. Depois, pinte as palavras que têm sílabas terminadas em **an**, **in** ou **on**.

O PINTINHO

PINTINHO NOVO
PINTINHO TONTO
NÃO ESTÁS NO PONTO
VOLTA PRO OVO
EU NÃO ME CALO
FALO DE NOVO
NÃO BANQUE O GALO
VOLTA PRO OVO

A TIA RAPOSA
NÃO MARCA TOUCA
TÁ SÓ TE OLHANDO
COM ÁGUA NA BOCA
E SE LIGEIRO VOCÊ ESCAPAR
TEM UM GRANJEIRO
QUE VAI TE ADOTAR.

Ilustra Cartoon/ Arquivo da editora

A arca de Noé, de Vinicius de Moraes. São Paulo: Companhia das Letras, 1993.

granjeiro: pessoa que cultiva uma granja.

campo

Ozerov Alexander/Shutterstock/Glow Images

campo

campo

- Você gosta de tirar fotos?
- E de olhar fotos? Diga tudo que você vê nesta foto.

1. Cante com o professor e os colegas. Depois, circule a palavra **campo** e ilustre a cantiga no espaço ao lado.

ALECRIM, ALECRIM DOURADO
QUE NASCEU NO CAMPO
SEM SER SEMEADO
FOI MEU AMOR
QUEM ME DISSE ASSIM
QUE A FLOR DO CAMPO
É O ALECRIM.

Popular.

2. Escreva uma frase com a palavra **campo**.

____

____

3. Leia o trava-língua.

TEMPO

O TEMPO PERGUNTOU PRO TEMPO
QUANTO TEMPO O TEMPO TEM.
O TEMPO RESPONDEU PRO TEMPO
QUE O TEMPO TEM TANTO TEMPO
QUANTO TEMPO O TEMPO TEM.

Popular.

Ilustra Cartoon/Arquivo da editora

- Quantas vezes aparece a palavra **tempo** nesse texto?

____

4. Leia as palavras e escreva em cada quadrinho a letra que vem depois do **m**.

☐ samba	☐ limpeza	☐ tempo
☐ lombo	☐ tromba	☐ pomba
☐ bombeiro	☐ tampa	☐ umbigo

a) Agora, leia estas outras palavras e escreva em cada quadrinho a letra que vem depois do **n**.

☐ onda	☐ enxada	☐ banco
☐ ponte	☐ cansado	☐ gangorra
☐ confusão	☐ envelope	☐ bronze

b) Observe as letras que vêm depois do **m** e do **n**. Agora, complete a frase a seguir.

Usamos o **m** antes do ______ e do ______.

aquarela

Les bretonnes et le pardon de pont Aven, aquarela de Vincent van Gogh (1888)/Civica Galeria d'Arte Moderna, Milão, Itália.

aquarela

aquarela

- Você conhece alguma obra de arte?
- O que você acha desta aquarela pintada por Vincent van Gogh?

1. Como se chama a pintura feita de tinta com água?

____

2. Faça um **X** no quadrinho da palavra que tem a sílaba **qua**.

☐ tinta ☐ agulha ☐ água ☐ aquário

3. Leia o texto.

NA MINHA SALA DE AULA HÁ UM BONITO AQUÁRIO, ONDE FOI COLOCADA ÁGUA COM UM REGADOR. ELE É QUADRADO E TEM A BOCA BEM LARGA. O FUNDO DO AQUÁRIO É COBERTO COM PEDRINHAS.

MEUS COLEGAS E EU DAMOS ALIMENTO AOS PEIXES DUAS VEZES POR SEMANA.

Ilustra Cartoon/Arquivo da editora

• Agora, complete as frases.

a) O _______________ é __________________ e tem a boca larga.

b) Para que foi usado o regador?

____

c) Qual parte do aquário foi coberta com pedrinhas?

____

4. Complete as frases com as palavras do quadro.

quartel	quadrilha	quadra

a) Na festa junina os alunos dançaram _______________.

b) Vamos jogar vôlei na _______________?

c) Os soldados estão no _______________.

5. Observe as figuras e complete o nome delas com **d** ou **t**.

Museu de Arte Moderna, SP.

qua_____ro

qua_____ro

esquilo

Brian Lasenby/Shutterstock/Glow Images

esquilo

esquilo

- O que você sabe sobre o esquilo?

1. Leia o poema com os colegas e circule a palavra **esquilo**.

À PROCURA DE CASTANHAS
O IRREQUIETO ESQUILO ANDA.
E NO TRONCO OCO DA ÁRVORE
ESCONDE TODAS AS QUE APANHA.

2. Leia os quadrinhos e circule a palavra com **qu**.

©Fernando Gonsales/Acervo do cartunista

Níquel Náusea, de Fernando Gonsales.

3. Complete os espaços com **que** ou **qui**. Depois, leia as palavras e copie-as.

Ilustrações: Mario Pita/ Arquivo da editora

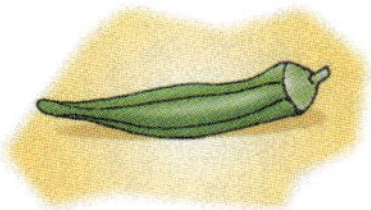

_______abo

____

tan_______

____

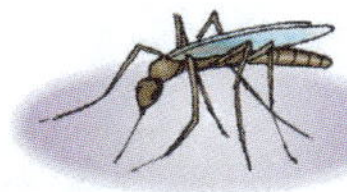

mos_______to

____

le_______

____

peri_______to

____

ca_______

____

4. Escreva conforme o exemplo.

barco	barquinho	porco	_______
boneca	_______	coco	_______
macaco	_______	peteca	_______

5. Leia as frases e complete as palavras com **qua**, **que** ou **qui**.

_______téria pintou um _______dro.

Ontem visitei minha _______rida vovó.

6. Leia as palavras a seguir e circule as sílabas **qua**, **que** ou **qui**.

aquático querido quiabo

qualidade aquele quilo quibe

- No caderno, escreva outras palavras que tenham **qua**, **que** ou **qui**.

hipopótamo

Jason Prince/Shutterstock/Glow Images

hipopótamo

hipopótamo

- Você já viu um hipopótamo?
- Quanto você imagina que ele pode pesar?

1. Leia o poema com o professor e os colegas. Depois, circule a palavra que começa com **hi**.

SEMPRE NAS ÁGUAS DO RIO,
GORDO E SE BANHANDO,
O HIPOPÓTAMO VAI ACABAR
UM DIA SE DESMANCHANDO.

Ilustra Cartoon/Arquivo da editora

Rimas dos bichos, de Flávio José Teixeira de Almeida. Belo Horizonte: Lê, 1986.

- Agora, escreva a palavra que você circulou.

Saiba mais

Fábio Colombini/Acervo do fotógrafo

O hipopótamo é um mamífero que vive em ambientes do continente africano, chega a pesar até 4 mil quilos e pode viver até quarenta anos. Ele passa o dia dentro dos rios e lagos, só sai à noite para pastar, e pode ficar até cinco minutos sob a água! Os olhos e as narinas bem no alto da cabeça permitem que o hipopótamo veja e respire com o resto do corpo mergulhado.

2. Leia as palavras em voz alta e pinte a primeira sílaba de cada uma.

harpa

homem

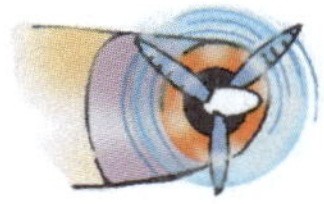
hélice

hipopótamo

Hugo

árvore

ovo

égua

igreja

unha

Ilustrações: Mario Pita/Arquivo da editora

- Converse com seus colegas sobre as sílabas pintadas. O que vocês perceberam?

3. Complete os espaços com **ha**, **he**, **hi**, **ho** ou **hu**. Depois, leia as palavras e copie-as.

____je	→	____________
____no	→	____________
____ra	→	____________
____patite	→	____________
____lito	→	____________
____mano	→	____________

golfinho

Natali Giado/Shutterstock/Glow Images

golfinho

golfinho

- Que animal é esse?
- Você conhece alguma curiosidade sobre ele?

1. Observe a imagem acima e escreva uma frase com a palavra **golfinho**.

____

____

2. Complete os espaços com **nha**, **nhe** ou **nho**. Depois, leia as palavras e copie-as.

Ilustrações: Mario Pita/Arquivo da editora

mi______ca

____

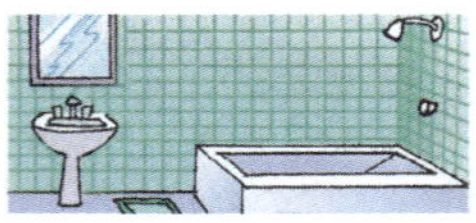

ba______iro

____

ara______

____

ni______

____

di______iro

____

gafa______to

____

3. Observe o exemplo e continue escrevendo.

 ga | to —  ga | ti | nho

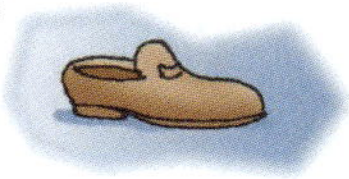 sa | pa | to —  ___ | ___ | ___ | ___

 bo | la —  ___ | ___ | ___

 pei | xe —  ___ | ___ | ___

 car | ro —  ___ | ___ | ___

 pa | to —  ___ | ___ | ___

Ilustrações: Mario Pita/Arquivo da editora

4. Junte as sílabas destacadas e forme novas palavras.

a) Míriam **le**vou sua cachorri**nha** para passear.

____

b) O ca**mi**nhoneiro fez um longo cami**nho** para chegar à sua **ca**sa.

____

c) A**ni**ta deu leite para seu gati**nho**.

____

coelho

Dmitriy Shironosov/Shutterstock/Glow Images

coelho

coelho

- Você já viu um coelho?
  Onde? Como ele era?
  O que ele estava fazendo?

1. Ordene as palavras e escreva a frase.

4	2	1	6	5	3
alimenta	coelho	O	vegetais.	de	se

____

____

2. Faça um **X** nas duas palavras que rimam com **coelho**.

- [ ] joelho
- [ ] agulha
- [ ] cozinha
- [ ] espelho

3. Complete os espaços com **lha**, **lhe**, **lhi**, **lho** ou **lhu**. Depois, leia as palavras formadas e copie-as.

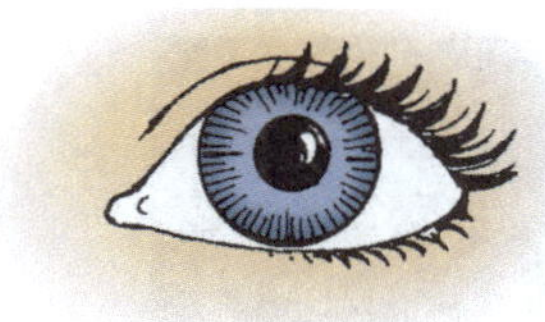
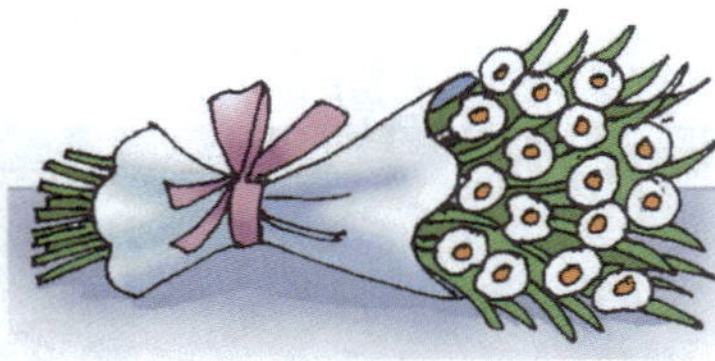

Ilustrações: Mario Pita/ Arquivo da editora

coe______nho   o______   rama______te

__________   __________   __________

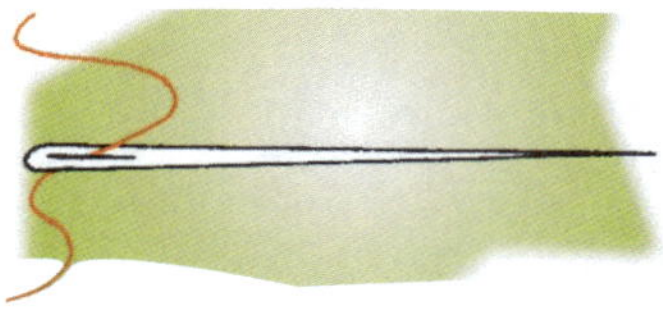

agu______   ore______do   repo______

__________   __________   __________

4. Acrescente a letra **h** e forme novas palavras. Siga o exemplo.

galo → galho
mala → __________
vela → __________
fila → __________
sono → __________
Dino → __________
mina → __________

chuva

Hrustall/Shutterstock/Glow Images

chuva

chuva

- Você sabe de onde cai a água da chuva?
- O que você gosta de fazer quando está chovendo?

1. Acompanhe a leitura do poema que o professor vai fazer.

A CHUVA

A CHUVA,
SOBRE O TELHADO,
EXECUTA,
GOTA A GOTA,
UM LEVE
SAPATEADO:
PLICT-PLIC
MACIO,
PLICT-PLOC
MOLHADO.

Ilustra Cartoon/Arquivo da editora

O bailado: primeiros movimentos, de Hardy Guedes Alcoforado Filho. São Paulo: Scipione, 2007.

- O que cai sobre o telhado?

2. Complete as palavras com **cha**, **che**, **chi**, **cho** ou **chu**.

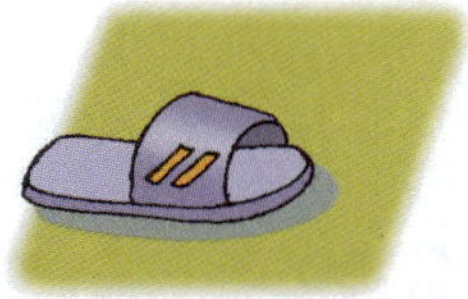

Ilustrações: Mario Pita/ Arquivo da editora

_______péu _______teira _______nelo

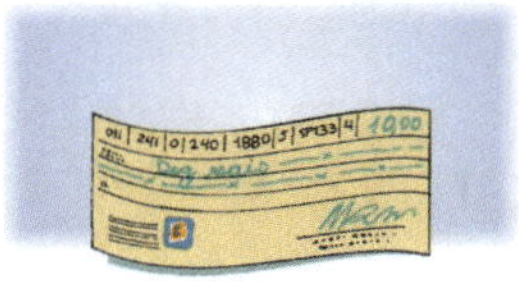

_______que _______veiro _______calho

3. Complete as frases com as palavras abaixo.

cachorrinho	Chico	chuva	chaveiro
chocolate	bichos	chave	

Os _______ da fazenda refrescam-se na _______.

_______ brinca com seu _______.

Que delícia de _______!

A _______ está no _______.

4. Vamos formar outras palavras? Acrescente a letra **h** depois da letra **c**. Veja o exemplo.

capa → chapa

bico → _______

cama → _______

ceia → _______

mancar → _______

lance → _______

palhaço

Lisa F. Young/Shutterstock/Glow Images

palhaço

palhaço

- Você já foi ao circo?
- Já assistiu à apresentação de um palhaço? O que você achou?

1. Leia o texto com o professor e os colegas. Depois, circule a palavra **palhaço**.

O PALHAÇO FAGULHA MOSTROU A TODOS QUE ERA MESMO INTELIGENTE.

ERA ENGOLIDOR? ERA MÁGICO?

QUE NADA! SÓ FAZIA PALHAÇADAS DE UM JEITO DIFERENTE.

Ilustra Cartoon/Arquivo da editora

Um palhaço diferente, de Sonia Junqueira. São Paulo: Ática, 1999. Texto adaptado.

2. Complete com **ça**, **ço** ou **çu**. Depois, leia as palavras e copie-as.

Ilustrações: Mario Pita/ Arquivo da editora

caro________ po________ a________car on________

________ ________ ________ ________

3. Leia as palavras do quadro. Depois, escreva-as no espaço correspondente.

caçada	cenoura	cinema	beiço	coração	cidade
babaçu	moça	canção	caçula	cedo	soluço
ação	cebola	feitiço	raça	cabeçudo	bacia

ça	ce	ci

ço	çu	ção

babaçu: espécie de palmeira; além de servir como alimento é usada na fabricação de óleo.

águia

FloridaStock/Shutterstock/Glow Images

águia

águia

- Quanto você imagina que mede uma águia?
- Você acha que ela é grande ou pequena?

1. Complete com **gue** ou **gui**. Depois, leia as palavras e copie-as.

Ilustra Cartoon/Arquivo da editora

_____ guia

____

_____ zo

____

caran _____ jo

____

Ilustrações: Mario Pita/Arquivo da editora

_____ pardo

____

2. Escreva um nome de pessoa que comece com **Gui**.

____

____

3. Leia as palavras e escreva as sílabas nos quadrinhos.

sangue

foguete

amiguinho

alguém

fogueira

coleguinha

4. Complete as respostas.

Ilustrações: Ilustra Cartoon/ Arquivo da editora

a) Mamífero que vive pendurado em árvores.

pre ______________

b) Lugar onde se vende carne.

a ____________ e

c) Instrumento musical com cordas.

g ______ i ____________ a

d) Animal que vive no mangue.

ca ____________ n ____________ jo

- Agora, encontre no diagrama as respostas da atividade acima.

Q	P	R	E	G	U	I	Ç	A	E	E	G	A
E	P	R	E	Q	F	E	M	G	A	E	T	V
T	S	A	Ç	O	U	G	U	E	E	U	G	R
J	K	T	A	C	G	U	I	T	A	R	R	A
C	A	R	A	N	G	U	E	J	O	L	F	R

água

Zurijeta/Shutterstock/Glow Images

água

água

- Você sabe qual a importância da água em nossa vida?
- Você sabe o que significa não desperdiçar água?

1. Leia com os colegas.

OS PEIXES RESPIRAM NA ÁGUA, DE ONDE RETIRAM O OXIGÊNIO PELAS GUELRAS. FORA DA ÁGUA ELES MORREM.

Ilustra Cartoon/Arquivo da editora

a) Onde os peixes respiram?

- [ ] Fora da água.
- [ ] Na areia da praia.
- [ ] Dentro da água.
- [ ] Perto da praia.

b) O que acontece com os peixes fora da água?

2. Complete com **gua**. Depois, leia as palavras e copie-as.

MW Editora Ilustrações Ltda./ Arquivo da editora

é________

____

ré________

____

________rda-chuva

____

3. Pinte uma sílaba de cada palavra para formar uma nova.

lin	da	gua	che	de	do			________
guar	da	da	do	pe	na	po	rão	________
lin	ce	ré	gua	ru	mo	do	ce	________

4. Encontre no diagrama cinco palavras com **gua** ou **guo**.

E	N	X	A	G	U	A	R	U
N	Q	M	B	F	D	S	S	Y
X	Z	R	T	E	E	W	A	R
A	G	U	A	R	D	A	R	A
G	U	A	R	D	A	Q	S	E
U	D	G	F	V	G	T	Y	N
O	G	U	A	V	U	W	G	C
U	G	E	U	F	O	S	H	Z
Q	D	R	H	T	U	E	T	A

raiz

Dmitry Rukhlenko/Shutterstock/Glow Images

raiz

raiz

- Você sabe que parte da planta está representada na foto?
- Em sua opinião, qual a importância da raiz em uma planta?

1. Observe estas ilustrações de dois tipos de raiz comestível, isto é, de raízes que podemos comer.

1

2

a) Leia estas informações e associe-as às ilustrações:

☐ **cenoura**: a raiz é comestível e rica em vitamina A.

☐ **rabanete**: a raiz, curta, é comestível.

b) Escreva uma frase usando o nome dessas raízes.

____

____

____

2. Complete com **az**, **ez**, **iz**, **oz** ou **uz**. Depois, leia as palavras e separe as sílabas.

Ilustrações: Mario Pita/ Arquivo da editora

ca ________ chafar ________ cusc ________

________ ________ ________

3. Leia as palavras do quadro e escreva-as no espaço correspondente.

ônibus	bolos	Hércules	atlas	dez
tênis	feliz	chafariz	balas	cartaz
reluz	pés	lápis	vez	óculos
capuz	arroz	paz	voz	urubus

as	es	is
________	________	________

os	us
________	________

az	ez	iz
________	________	________

oz	uz
________	________

preguiça

Worldswildlifewonders/Shutterstock/Glow Images

preguiça

preguiça

- Você já viu o animal da foto?
- O que você sabe sobre ele?

1. Leia o poema com o professor e os colegas. Depois, circule a palavra **preguiça** e pinte a cena.

A PREGUIÇA VIVE
PENDURADA NUM GALHO,
PORQUE ELA SABE
QUE PARA DESCER
DÁ MUITO TRABALHO!

Mario Pita/Arquivo da editora

Rimas dos bichos, de Flávio José Teixeira de Almeida. Belo Horizonte: Lê, 1986.

2. Leia as palavras do quadro. Depois, escreva o nome de cada figura.

padre	brinco	estrela	cravo	grama
livro	cofre	tigre	prato	

____

____

____

Ilustrações: Mario Pita/ Arquivo da editora

____

____

____

____

____

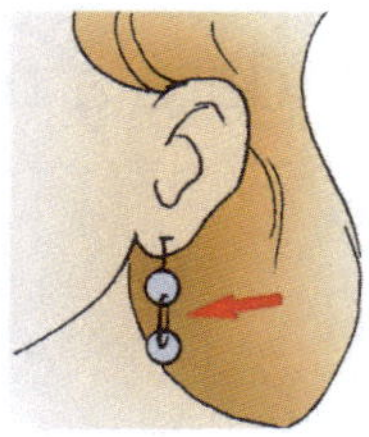

____

3. Acrescente a letra **r** e forme outras palavras. Veja o exemplo:

pato → prato

faca → ______________________

pata → ______________________

cavo → ______________________

fita → ______________________

cubo → ______________________

fio → ______________________

floresta

Ivalin/Shutterstock/Glow Images

floresta

floresta

- Você já ouviu falar na Floresta Amazônica?

1. Acompanhe a leitura e escreva nos espaços as palavras **Floresta**, **floresta** e **planeta**.

Apesar do desmatamento, a ______________ Amazônica ainda é a maior e mais rica ______________ tropical do ______________.

2. Forme novas palavras acrescentando a letra **l**. Veja o exemplo:

fecha → *flecha*

fora → ______________ caro → ______________

cara → ______________ paca → ______________

for → ______________ coro → ______________

desmatamento: destruição da floresta.

3. Leia as seguintes palavras em voz alta. Depois, escreva-as nos quadrinhos correspondentes.

flor	clube	globo	bloco	atlas	planta
Clarice	Plínio	blusa	flauta	glossário	atleta

bl	cl	fl

gl	pl	tl

4. Recorte, de jornais e revistas, palavras com os encontros consonantais a seguir e cole-as no caderno.

bl cl fl gl pl tl

5. Escreva os nomes das figuras. Depois, separe as sílabas das palavras.

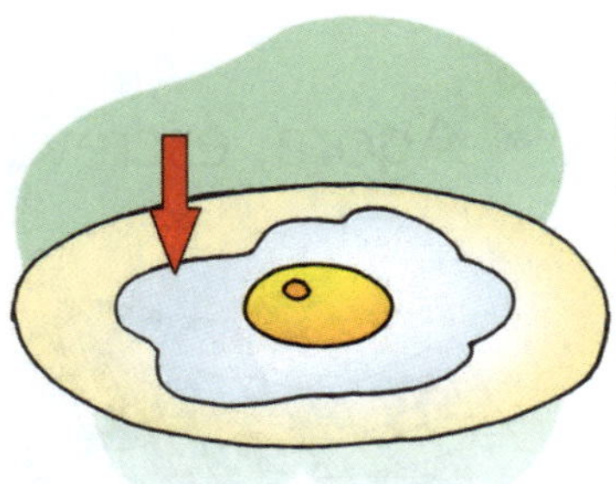

Ilustrações: Mario Pita/ Arquivo da editora

patins

Val Thoermer/Shutterstock/Glow Images

patins

patins

- O que a criança da foto está se preparando para fazer?
- Você sabe andar de patins? Como aprendeu?

1. Leia as palavras abaixo. Circule as que o professor ditar.

ans	ens	ins	ons	uns
transplante	parabéns	rins	bombons	álbuns
transporte	paisagens	jardins	bons	alguns
transformar	nuvens	instrumento	monstros	comuns

- Agora, escreva o nome dos desenhos.

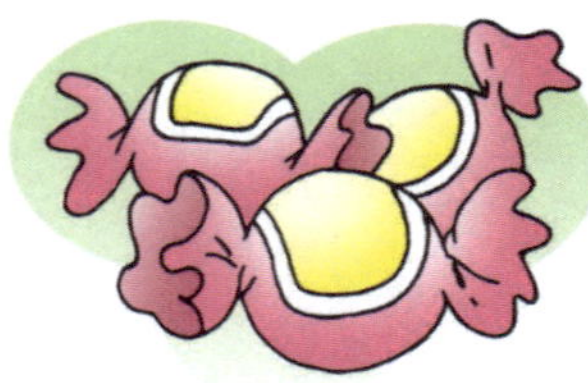

Ilustrações: Mario Pita/ Arquivo da editora

_______________ _______________ _______________

2. Complete as palavras com **ns** e copie-as.

parabé______

____

Ilustrações: Mario Pita/Arquivo da editora

i______trumento

____

tra______porte

____

co______trução

____

mo______tro

____

co______telação

____

3. Ordene as sílabas e forme palavras. Siga as setas.

ins → tru → men → to

____

trans → por → ta → do → ra

____

ins → tru → tor

____

saxofone

Mphot /Shutterstock/Glow Images

saxofone

saxofone

- Você conhece este instrumento musical?
- Conhece alguém que sabe tocar saxofone?

1. Cante a cantiga com seus colegas. Depois, circule a palavra que tem a letra **x**.

COMO PODE UM PEIXE VIVO
VIVER FORA DA ÁGUA FRIA

COMO PODEREI VIVER
COMO PODEREI VIVER
SEM A TUA, SEM A TUA
SEM A TUA COMPANHIA

Popular.

Ilustra Cartoon/Arquivo da editora

2. Leia as palavras abaixo e repare que o **x** tem sons diferentes.

x com som de **ch**	**x** com som de **z**	**x** com som de **ss**	**x** com som de **cs**	**x** com som de **s**
caixa	exército	auxílio	táxi	excursão
xícara	exemplo	próximo	crucifixo	explicação
bruxa	exercício	máximo	Alex	experiência
enxada	exagerado	trouxe	axila	exposição
xarope	exausto	aproximou	saxofone	texto

- Escolha palavras dos quadros acima para completar as frases.

a) Tomei uma ______________ de leite.

b) ______________ toca ______________ muito bem.

c) Viajaremos no ______________ feriado.

3. Circule as palavras que têm **x** e leia-as em voz alta.

Estas são luvas de boxe.

Veja o reflexo do luar.

Mamãe está exausta!

Ilustrações MW Ilustrações/ Arquivo da editora

Escutei uma explosão.

A bruxa mexe no caldeirão.

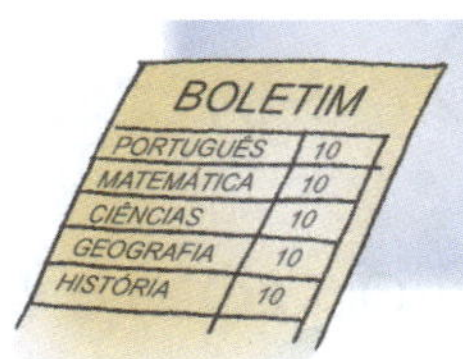

Somente nota máxima!

cacto

Steve Maehl/Shutterstock/Glow Images

cacto

cacto

- Você conhece esse tipo de planta? Já viu algum? Onde?

1. Leia as palavras e complete as frases.

admirada	obstáculos	Magda
magnífico	objeto	

O nome da nova aluna é ____________.

Assisti a um ____________ filme.

O vencedor da competição ultrapassou todos os ____________.

Caiu um ____________ no chão.

Fiquei ____________ com a beleza do mar.

2. Leia estas palavras, observe as consoantes destacadas e separe as sílabas nos quadrinhos.

a**dv**ogada

ca**ct**o

o**bt**uração

ri**tm**o

eucali**pt**o

invi**ct**o

3. Leia as palavras e escreva-as embaixo da figura correspondente.

submarino pneu helicóptero cacto

____

____

Ilustrações: MW Ilustrações/ Arquivo da editora

____

____

De olho no dicionário

Veja os significados da palavra **balanço**:

balanço (ba.lan.ço) substantivo

1. Movimento de vaivém.

O bebê dormiu com o balanço do barco.

2. Brinquedo infantil com um ou mais assentos pendurados, onde se senta para ir para frente e para trás.

Bia e Berenice foram brincar no balanço do parque.

Saraiva infantil de A a Z: dicionário da língua portuguesa ilustrado. São Paulo: Saraiva, 2008.

Agora, represente os significados 1 e 2 com desenhos.

significado 1	significado 2

Livros

Reprodução/Editora Scipione

A última árvore do mundo,
de Lalau e Laurabeatriz, Scipione.

Esta é a história de uma árvore que um dia se vê sozinha no mundo. Mas nem por isso deixa de seguir em frente com sua vida. Ela continua a dar frutos, flores e abrigo a todos os que vivem em sua volta.

Reprodução/Editora Paulinas

Cadê?,
de Bia Villela, Paulinas.

De maneira divertida, este livro colorido traz ilustrações que permitem ao leitor inventar a própria história!

Reprodução/Publifolha

Cuide do planeta!,
de Dawn Sirett, Publifolha.

Este livro mostra como você pode ajudar a cuidar do planeta com atitudes simples no dia a dia. Fechar a torneira enquanto escova os dentes, cuidar do jardim e reciclar o lixo são algumas das atitudes apresentadas.

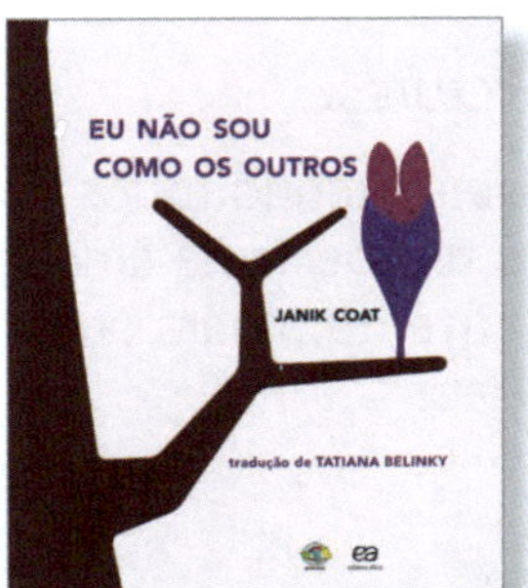

Reprodução/Editora Ática

Eu não sou como os outros,
de Janik Coat, Ática.

Hipopótamos gostam de banho na lama, gatos bebem leite, preguiças ficam paradonas, cães caçam... Certo? Nem sempre. A gatinha Letícia, por exemplo, prefere um *milk-shake*, e o urso Veludo é muito sensível, ao contrário de seus companheiros ferozes.

De maneira delicada e cheia de humor, o livro fala sobre como é legal ser você mesmo.

Reprodução/Editora 34

O caminho da gota d'água,
de Natália Quinderê, Editora 34.

Este livro conta as aventuras de uma gota-d'água que nasceu nas montanhas. Para onde será que ela foi? Que caminhos a gota-d'água percorreu? Para saber, só lendo atentamente cada página!

CD

Reprodução/Radar Records

Pequeno Cidadão v. 1,
de Pequeno Cidadão, Radar Records.

Este é o CD de estreia da banda Pequeno Cidadão, formada pelos músicos Edgar Scandurra, Taciana Barros, Antonio Pinto e seus filhos.

Sites

Reprodução/<http://www.akatumirim.org.br/>

Akatu Mirim

<www.akatumirim.org.br>

Site com jogos, vídeos e atividades que incentivam as crianças a pensar no consumo consciente.

Reprodução/<http://discoverykidsbrasil.uol.com.br/>

Discovery Kids

<http://discoverykidsbrasil.uol.com.br>

Site de jogos e vídeos destinados ao público infantil.

Vídeos

Reprodução/Pixar/Walt Disney Pictures

Vida de inseto,
de Andrew Stanton e John Lasseter, Wall Disney Pictures.

Flik é uma formiga muito criativa e atrapalhada que vive metendo todos do formigueiro em confusões. Um dia, após o formigueiro receber uma ameaça de Hooper, um malvado gafanhoto, Flik parte em uma aventura para encontrar heróis que possam ajudá-los a se livrar das garras do vilão.

Reprodução/Pixar/Walt Disney Pictures

101 Dálmatas,
de Clyde Geronimi, Hamilton Luske e Wolfgang Reitherman, Wall Disney Pictures.

Pongo e Prenda são um casal de dálmatas que vivem em um aconchegante lar com seus 15 filhotes e Roger e Anita, seus donos. A aventura começa quando os filhotes são raptados pela vilã, Cruela Cruel, e Pongo e Prenda precisam se unir com os demais cachorros da cidade para salvar seus filhos e reunir novamente a família.

Matemática

SUMÁRIO

Unidade 1

Os números na nossa vida

Simone Ziasch/Arquivo da editora

O QUE VOU ESTUDAR?

- A história dos números
- Números na vida prática
- Formando grupos
- Noções de geometria
- Coleções e agrupamentos

1

A história dos números

Observe o texto abaixo. Sobre o que você acha que vai ler?

UMA PEDRINHA PARA CADA OVELHA

Ilustrações: Ilustra Cartoon/Arquivo da editora

O que você achou da história "Uma pedrinha para cada ovelha"? Converse com seus colegas. Depois, observem as histórias a seguir.

HÁ MILHÕES DE ANOS...

Ideia de quantidade

É o aniversário de Pedro. Ele arruma os brigadeiros.

Vamos ajudá-lo ligando cada brigadeiro à sua forminha?

Ilustra Cartoon/Arquivo da editora

Há a mesma quantidade de doces e forminhas?

☐ SIM ☐ NÃO

Como você sabe?

1. Ligue os ninhos que têm a mesma quantidade de ovinhos.

Ilustrações: Ilustra Cartoon/ Arquivo da editora

2. Veja o que indica cada flecha e desenhe.

Desenhe mais pássaros.

Desenhe um ninho para cada passarinho

Desenhe menos ovos no ninho

3. Observe a quantidade de frutas de cada árvore.

A

B

C

D

E

Ilustra Cartoon/Arquivo da editora

a) Pinte um quadradinho para cada fruta de cada árvore.

A	☐	☐	☐	☐	☐	☐	☐	☐
B	☐	☐	☐	☐	☐	☐	☐	☐
C	☐	☐	☐	☐	☐	☐	☐	☐
D	☐	☐	☐	☐	☐	☐	☐	☐
E	☐	☐	☐	☐	☐	☐	☐	☐

b) Qual é a árvore com mais frutas? ☐

c) Qual é a árvore com menos frutas? ☐

Representação de quantidades

Ana, Bia e Júlio resolveram fazer coleções. A cena abaixo mostra a coleção de cada uma das crianças.

Ilustrações: Ilustra Cartoon/Arquivo da editora

Desafio! Sem contar, responda: quem tem a coleção com a maior quantidade de objetos? ______________________

- Você se lembra da história do pastor que usava pedrinhas para representar a quantidade de ovelhas que ele tinha? Pinte as pedrinhas para representar a quantidade de objetos que compõe a coleção de cada criança.

ANA

BIA

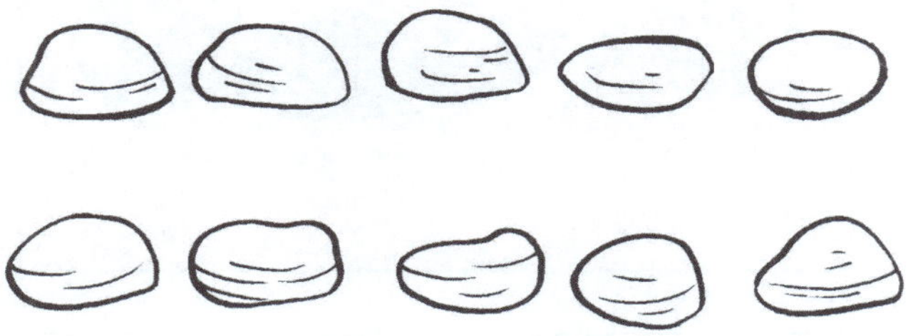

JÚLIO

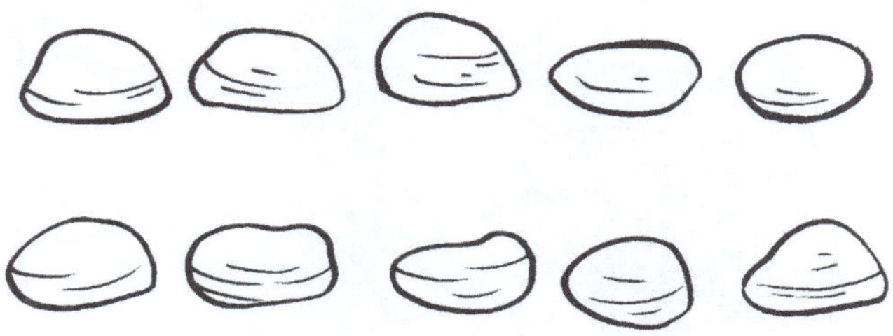

Ilustrações: Ilustra Cartoon/Arquivo da editora

2

Números na vida prática

O que estas pessoas estão fazendo?

Converse com o professor e com os colegas de classe.

Ilustrações: Ilustra Cartoon/Arquivo da editora

1. Você já foi ao circo? Conte aos colegas como foi.

Ilustra Cartoon/Arquivo da editora

- Observe a cena acima e copie:

a) os números que indicam preços.

____

b) os números que indicam horas.

____

2. Faça um círculo no dia de seu aniversário. Depois escreva no calendário o nome do mês em que você nasceu.

1	2	3	4	5	6	7
8	9	10	11	12	13	14
15	16	17	18	19	20	21
22	23	24	25	26	27	28
29	30	31				

Avalone/Arquivo da editora

3. Joana e Daniel estudam na mesma classe. Como hoje é domingo, eles acordaram mais tarde. Faça um **X** na criança que se levantou primeiro.

Ilustrações: Ilustra Cartoon/Arquivo da editora

- Conte aos colegas de classe e ao professor a que horas você costuma acordar.

4. Observe com atenção este relógio:

Ilustrações: Avalone/Arquivo da editora

- Você percebeu que faltam alguns números em cada um dos relógios abaixo? Complete-os para que fiquem como o relógio acima.

3

Formando grupos

A avó de Felipe comprou diferentes tipos de tecido. Veja a imagem abaixo.

Fotos: Fabio Heizenreger/Editora Abril

1. Há quantos tipos diferentes de tecido? ☐

2. Agora vamos ajudar o Felipe a agrupar os tecidos?

a) Circule de azul os tecidos só de bolinhas.

b) Circule de vermelho os tecidos de listrinhas.

c) Circule de verde os tecidos de florzinhas.

3. Marcela convidou seus amigos para uma festa do pijama. Observe a ilustração abaixo e marque quais crianças vestem camisetas da mesma cor.

a) Marque um X nas crianças de camiseta azul.

b) Marque um O nas crianças de camiseta vermelha.

c) Marque um Δ nas crianças de camiseta amarela.

Ilustrações: Ilustra Cartoon/Arquivo da editora

4

Noções de geometria

VanHart/Shutterstock/Glow Images

SergeyIT/Shutterstock/Glow Images

As formas geométricas estão por toda parte. É possível encontrá-las na natureza, em prédios e em objetos criados pelo ser humano.

Linhas retas e linhas curvas

Com dois copos de plástico e um pedaço de barbante, Gustavo fez um telefone.

Agora, ele brinca com sua irmã.

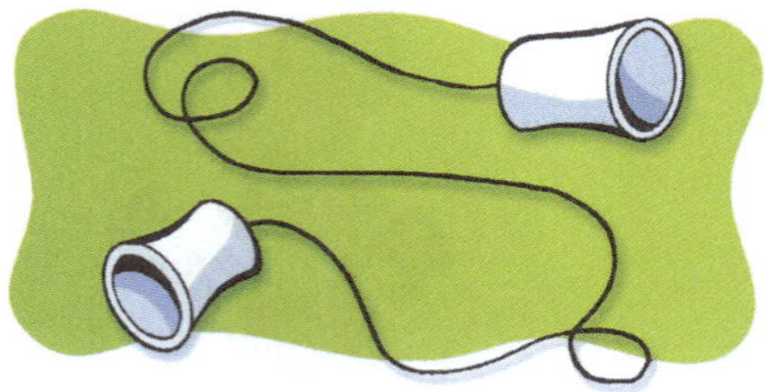

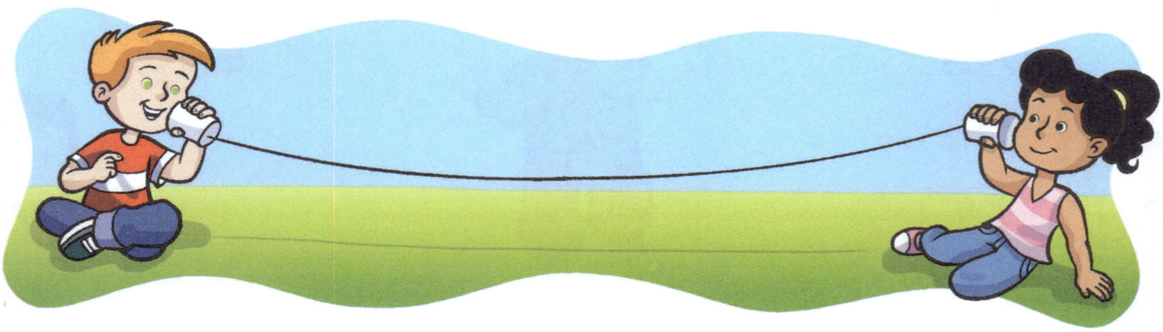

Ilustrações: Ilustra Cartoon/Arquivo da editora

Observe esta árvore. Ela tem linhas retas em seu caule e em seus galhos. Já suas folhas possuem linhas curvas.

1. Observe o caminho que Tadeu percorreu para chegar até a escola:

Ilustrações: Ilustra Cartoon/Arquivo da editora

- O caminho que Tadeu percorreu representa:

☐ linhas retas ☐ linhas curvas

2. Luciana criou uma figura usando apenas linhas retas.

- Crie você também uma figura que tenha somente linhas retas. Depois, pinte-a.

Linhas abertas e linhas fechadas

Paulo desenhou  na linha fechada e Roberta desenhou  na linha aberta.

Traçando uma linha reta, leve cada criança ao seu desenho.

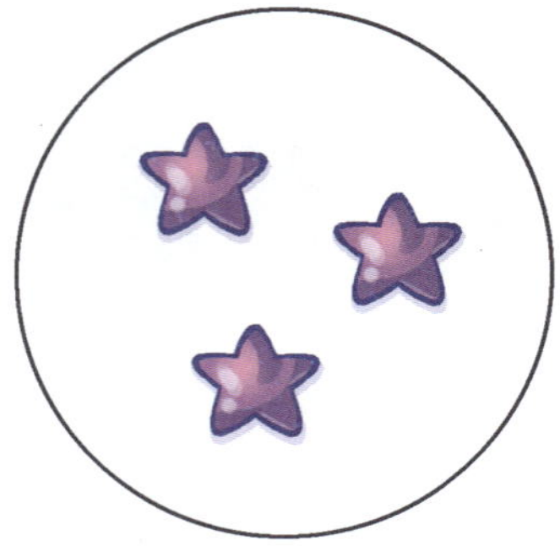

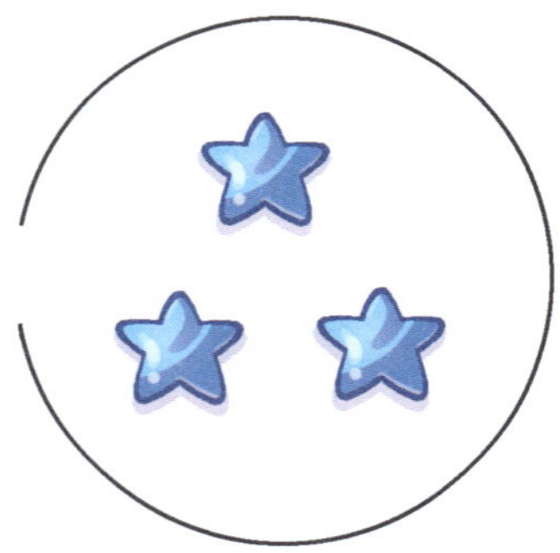

Ilustrações: Ilustra Cartoon/Arquivo da editora

As linhas podem ser abertas ou fechadas.

1. Observe os animais do sítio. Alguns estão dentro do cercado e outros estão fora. Faça um **X** nos animais que estão fora do cercado.

2. Observe a figura e responda:

Ilustrações: Ilustra Cartoon/Arquivo da editora

- Quantas crianças estão no interior da roda? ☐

5

Coleções e agrupamentos

Na lista de compras de Simão, há um **grupo** de alimentos.

Avalone/Arquivo da editora

grupo de alimentos

Veja agora a **coleção** de moedas de Simão:

Casa da Moeda do Brasil/Arquivo da editora

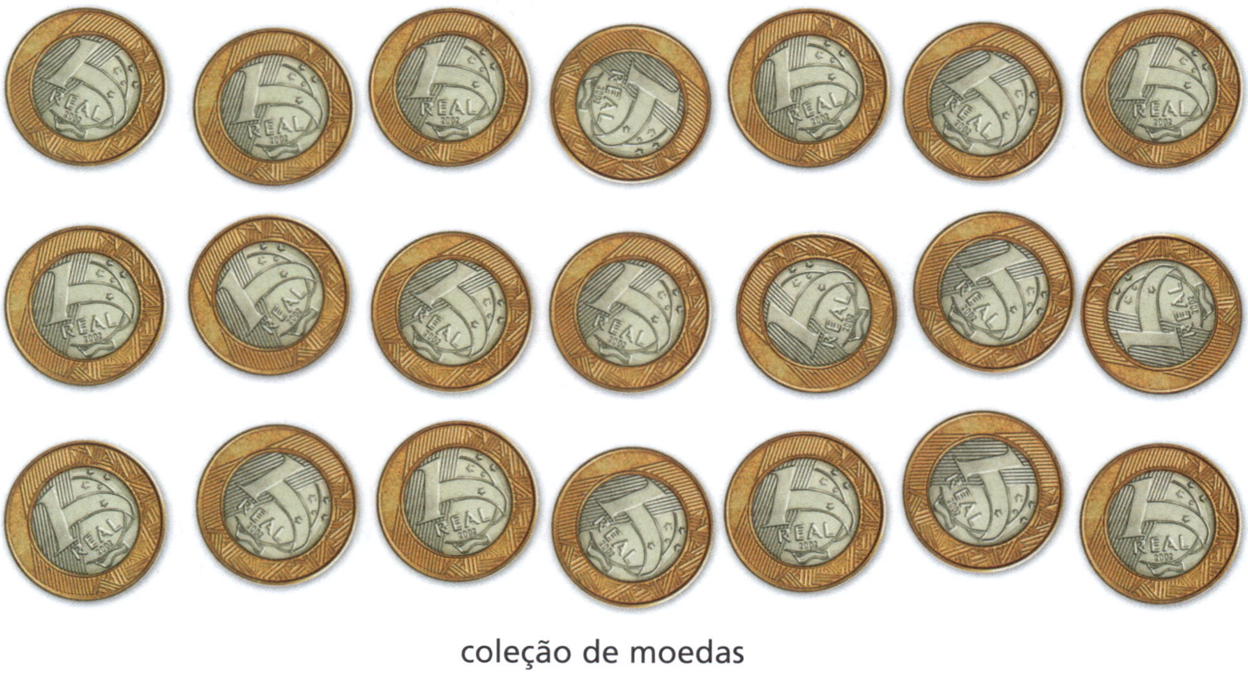

coleção de moedas

Damos o nome de **conjunto** a todo **grupo** ou **coleção**.

1. Complete os grupos abaixo, desenhando animais, frutas e flores.

ANIMAIS

FRUTAS

FLORES

Ilustrações: Avalone/Arquivo da editora

2. Circule os objetos abaixo para agrupá-los:

- Por cores.

- Por tamanhos iguais.

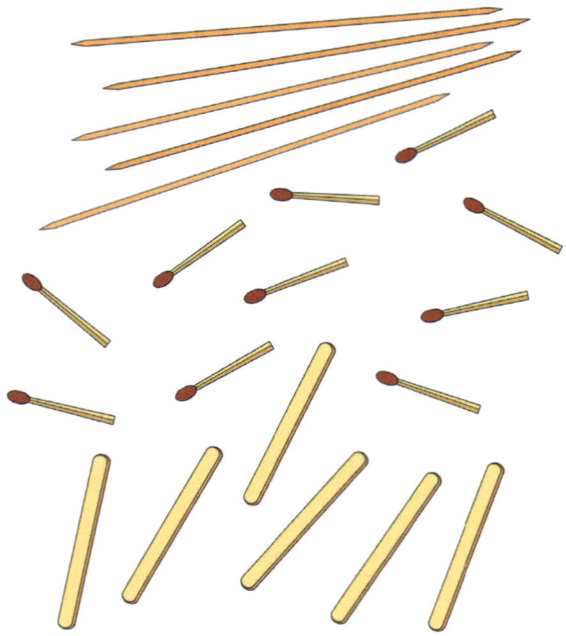

3. Escolha alguns dos objetos abaixo e desenhe-os dentro de cada estojo, na quantidade indicada pelo número da etiqueta.

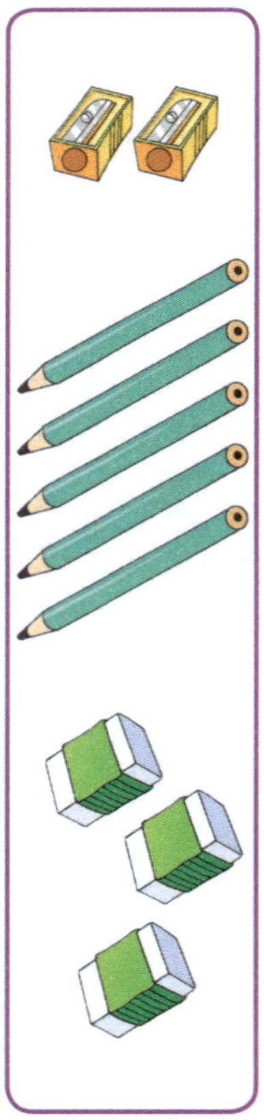

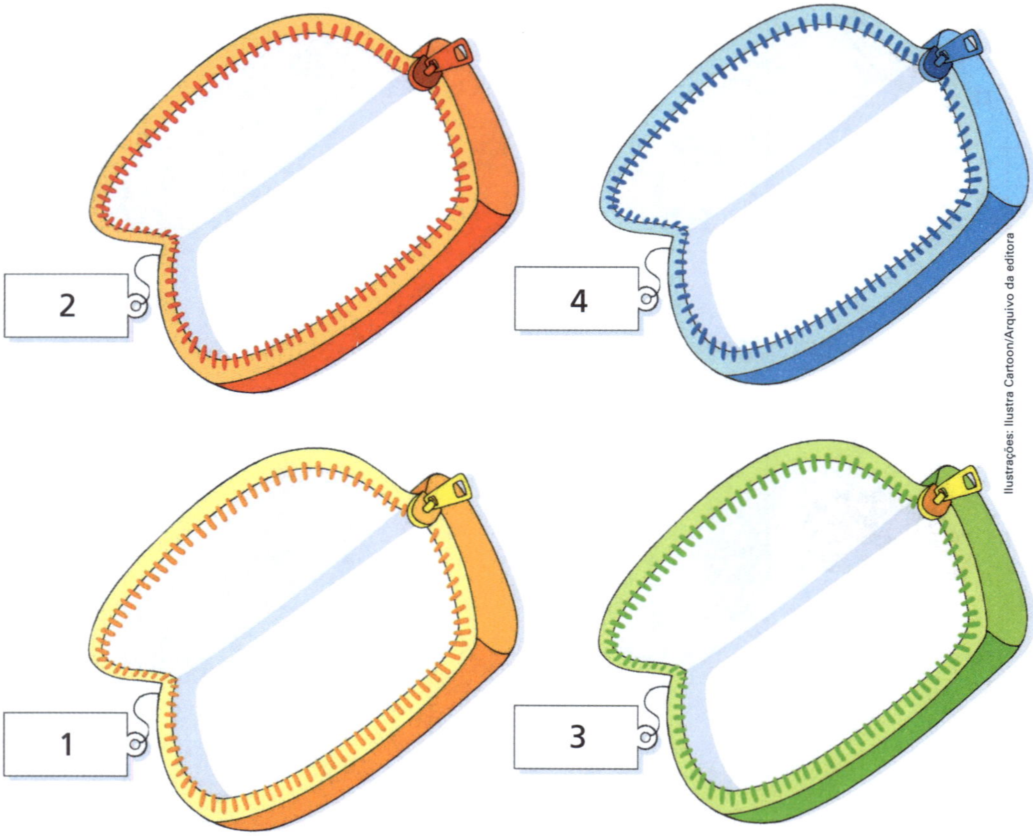

Ilustrações: Ilustra Cartoon/Arquivo da editora

4. Quantas crianças aparecem na cena? Ligue cada uma delas a um livro.

Ilustrações: Ilustra Cartoon/Arquivo da editora

- Quantos livros sobraram? ☐

5. Beto, Juliana e Daniel colecionam livros de contos de fada. Circule de verde a criança que possui mais livros, e de vermelho a criança que possui menos livros.

De olho na resolução de problemas

Faça em seu caderno

O circo chegou e a garotada está na maior alegria!

Ilustra Cartoon/Arquivo da editora

1. Quantos meninos há na fila? ☐

2. E quantas são as meninas? ☐

3. Na fila da entrada do circo há mais

☐ meninas ☐ meninos

4. Juntando meninos e meninas há na fila

☐ 6 crianças ☐ 4 crianças ☐ 10 crianças

5. Se você entrar nessa fila, quantas crianças serão ao todo? ☐

Unidade

2

Números naturais

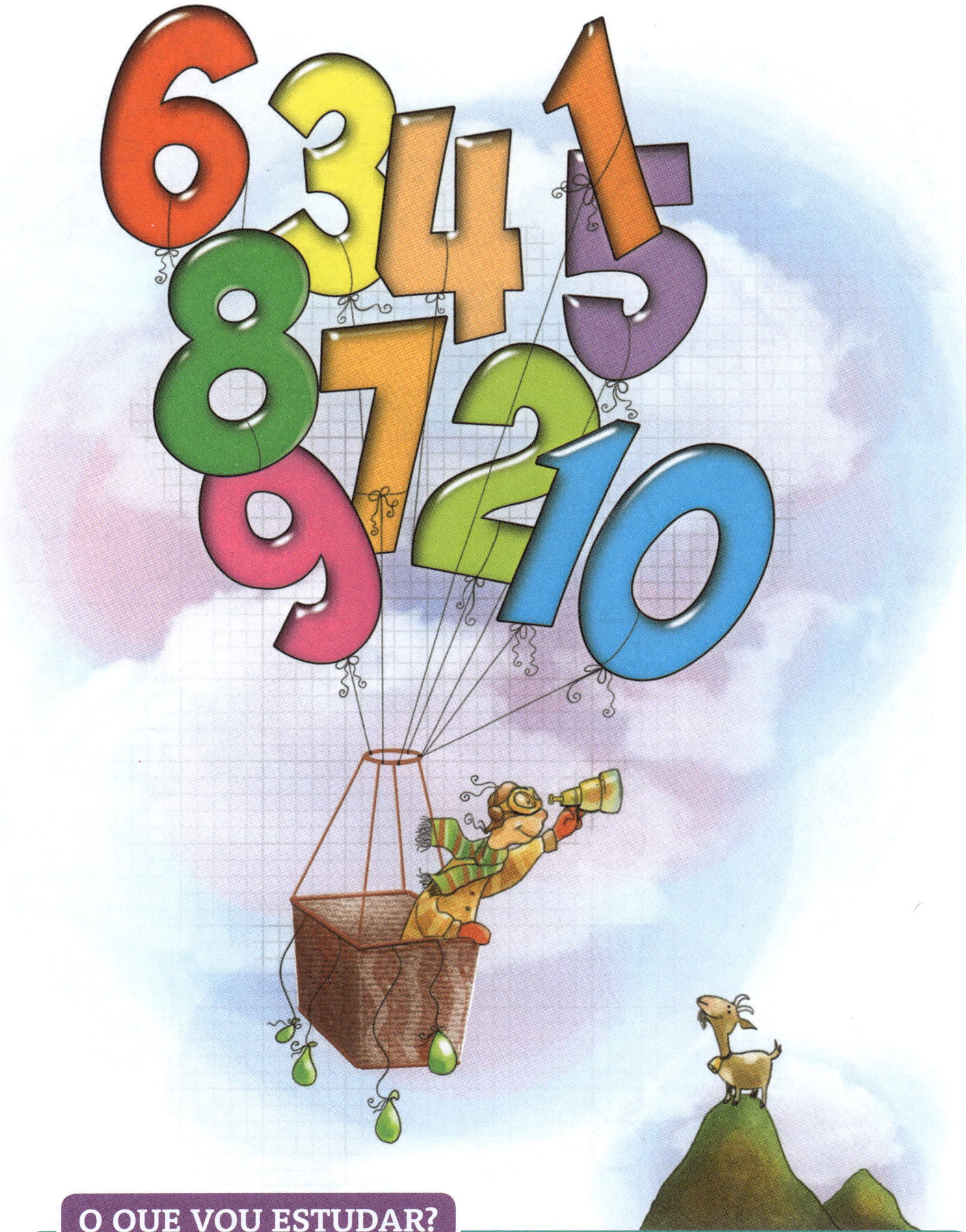

Simone Ziasch/Arquivo da editora

O QUE VOU ESTUDAR?

- Números naturais
- Sistemas de numeração

6

Números naturais

Representação dos números de 1 a 9

Marcel está contando com os dedos. Conte você também e copie os números seguindo os movimentos indicados pelas setas.

Fotos: Sérgio Dotta Jr./The Next

	1		um
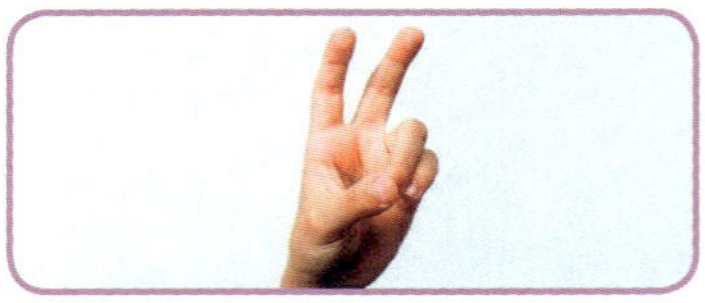	2		dois
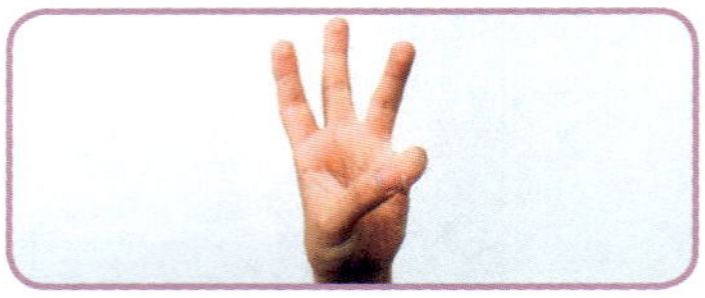	3		três
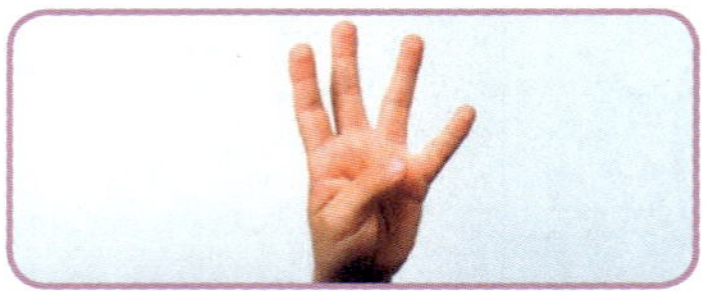	4		quatro
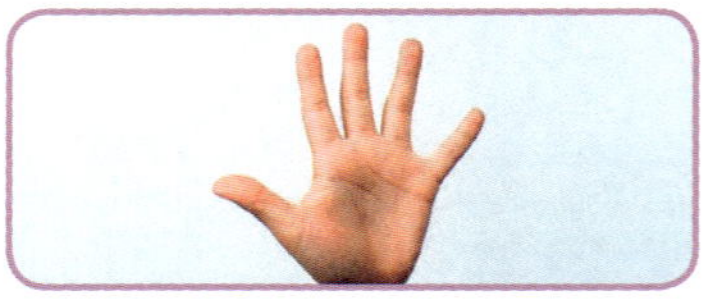	5		cinco
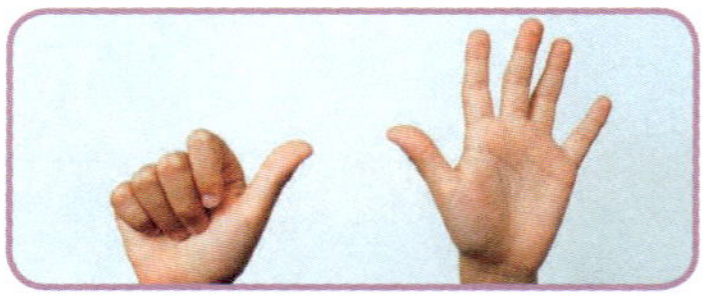	6		seis
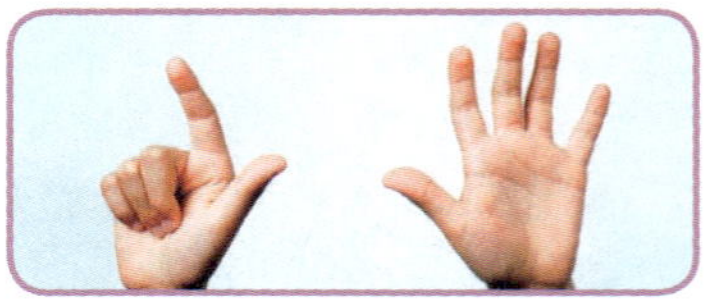	7		sete
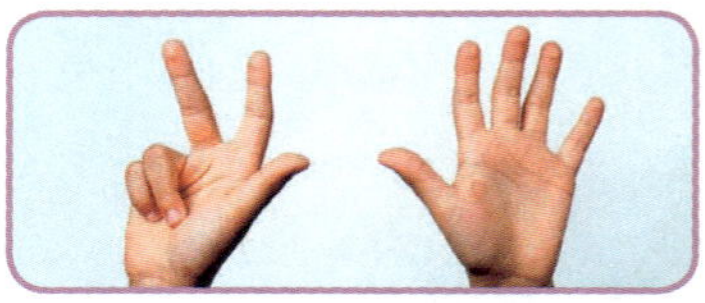	8		oito
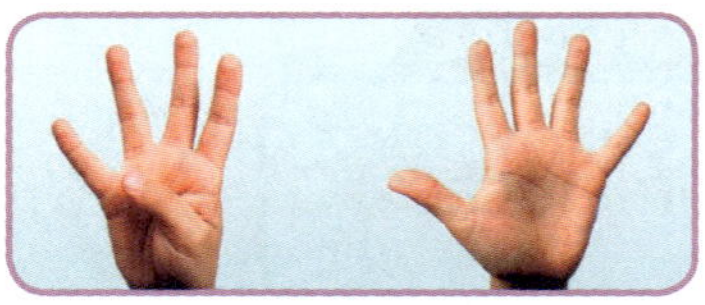	9		nove

O número zero

Observe a ilustração abaixo:

Ilustra Cartoon/ Arquivo da editora

a) Quantas crianças aparecem na ilustração? ______________

b) Quantas bolas aparecem na ilustração? ______________

c) Se cada criança pegar uma bola, quantas sobrarão? __________

- Agora que você já aprendeu o zero, vamos praticar? Contorne os pontilhados para formar o número.

ZERO → 0

Comparando quantidades

Na sala de aula, a professora distribuiu alguns blocos coloridos aos alunos. Pedro e seus colegas empilharam esses blocos e criaram um objeto.

Ilustrações: Avalone/Arquivo da editora

1. Quantos blocos de cada tipo os alunos usaram? Indique a quantidade pintando os retângulos da tabela.

  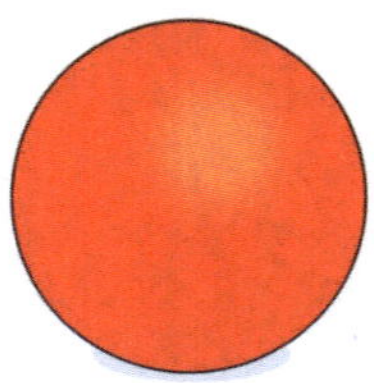 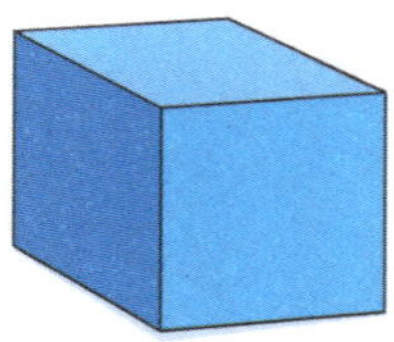

2. Desenhe a quantidade de livros que cada criança leu. Depois, escreva os sinais = (igual) ou ≠ (diferente).

a) Paula leu 5 livros e Renato também.

5 ____ 5

b) Luís leu 2 livros e Rita leu 1.

2 ____ 1

c) Juca e seu irmão leram 3 livros cada um.

Ilustrações: Ilustra Cartoon/ Arquivo da editora

3 ____ 3

Maior e menor que

A professora fez uma pesquisa para saber quantos livros os alunos haviam lido no mês anterior.

As barrinhas coloridas representam a quantidade de livros lidos.

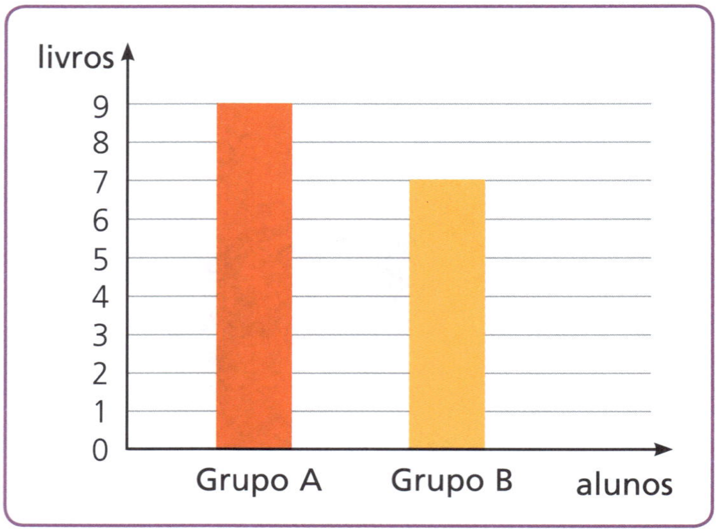

Compare a quantidade de livros lidos pelo Grupo A com a quantidade de livros lidos pelo Grupo B.

Ilustrações: Avalone/Arquivo da editora

Grupo A

Grupo B

9 é maior que 7

Para indicar que uma quantidade é maior que outra usamos o sinal $>$.

$9 > 7$

9 é maior que 7

Para indicar que uma quantidade é menor que outra usamos o sinal $<$.

$7 < 9$

7 é menor que 9

- Observe o número que acompanha as crianças. Depois desenhe os objetos em que elas estão pensando na quantidade indicada pelo número.

Ilustrações: Ilustra Cartoon/Arquivo da editora

- Agora, responda:

1 é maior que 5? sim ☐ não ☐

3 é menor que 4? sim ☐ não ☐

1 é maior que 2? sim ☐ não ☐

2 é menor que 5? sim ☐ não ☐

Ordenação de números

Ordem crescente e ordem decrescente

Luciana guardou suas bolinhas de gude em vários cestos.

Veja abaixo como ela organizou as bolinhas. Depois escreva nos quadrinhos quantas têm em cada cesto.

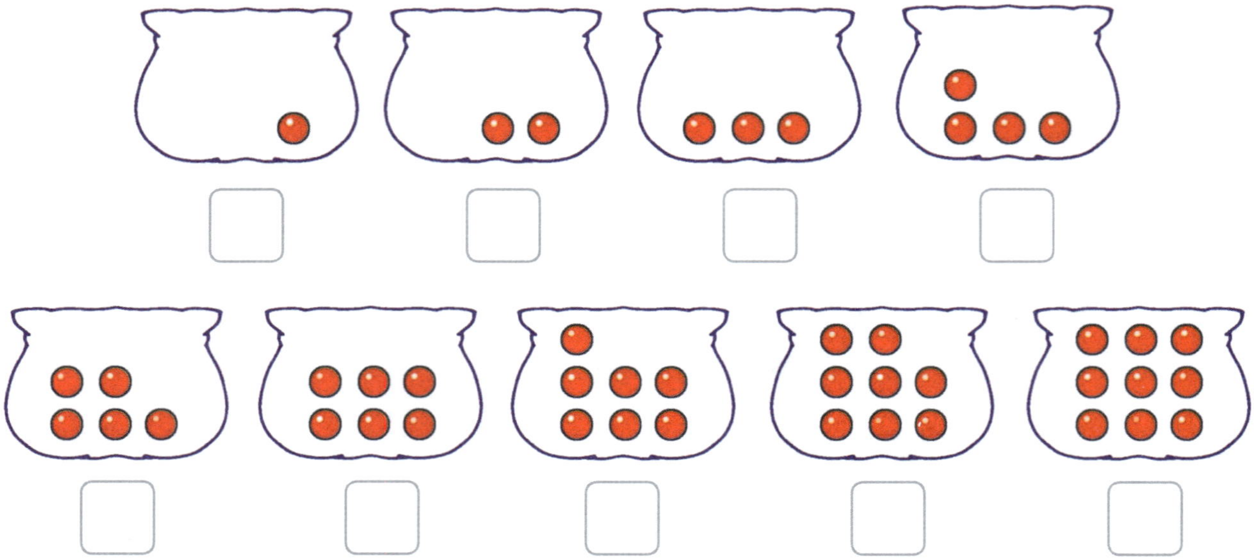

Os cestos com bolinhas de gude estão organizados em **ordem crescente** de quantidade.

Como será que Luciana organizou as bolinhas abaixo? Ajude-a, desenhando as bolinhas que faltam.

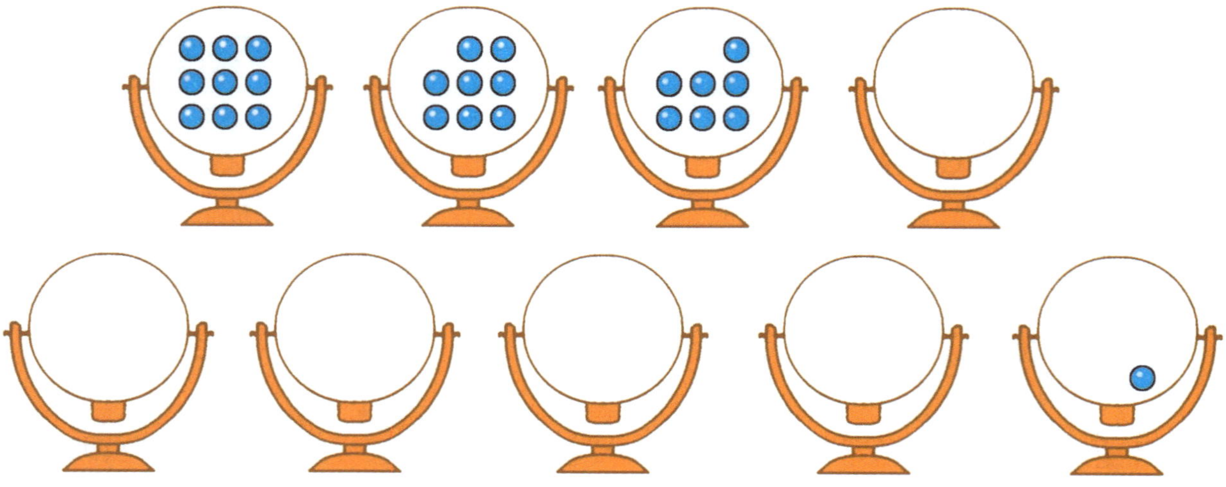

Ilustrações: Avalone/Arquivo da editora

Dessa vez, Luciana arrumou as bolinhas em **ordem decrescente** de quantidade.

1. Pinte a quantidade de quadrinhos indicada.

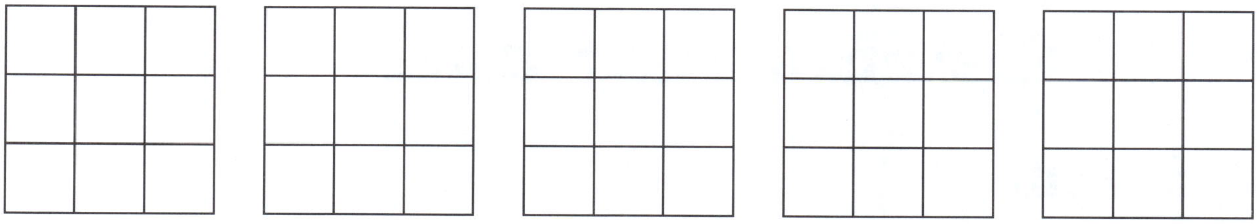

1 2 3 4 5

- Você pintou os quadrinhos:

em ordem crescente de quantidade. ☐

em ordem decrescente de quantidade. ☐

2. Quantos carrinhos há em cada coluna? Escreva.

Ilustrações: Avalone/Arquivo da editora

- Os carrinhos estão arrumados:

em ordem crescente de quantidade. ☐

em ordem decrescente de quantidade. ☐

7

Sistemas de numeração

A dezena

Um grupo de 10 unidades é chamado de **dezena**, e cada elemento é chamado de **unidade**. Veja:

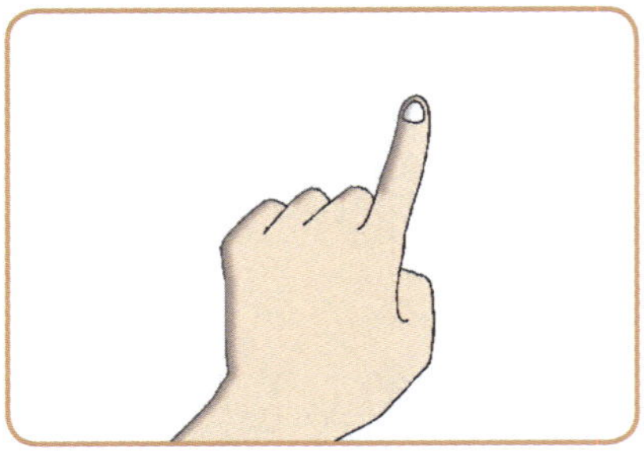

1 unidade

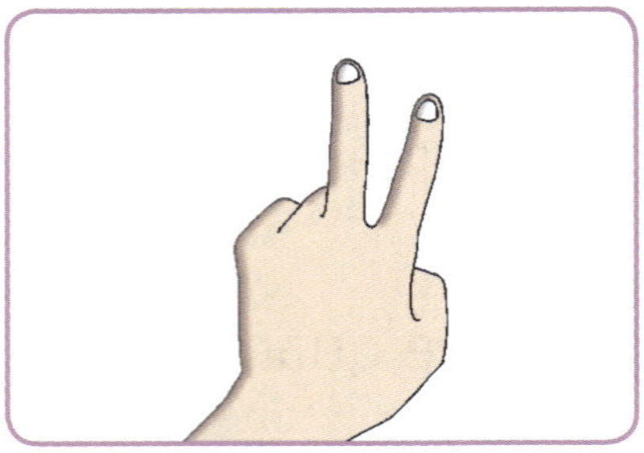

2 unidades

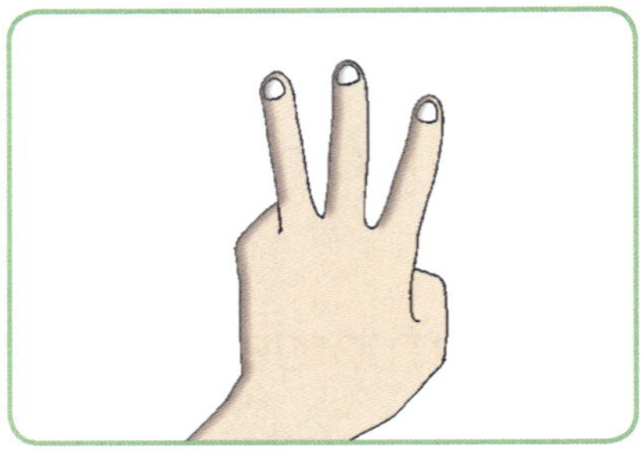

3 unidades

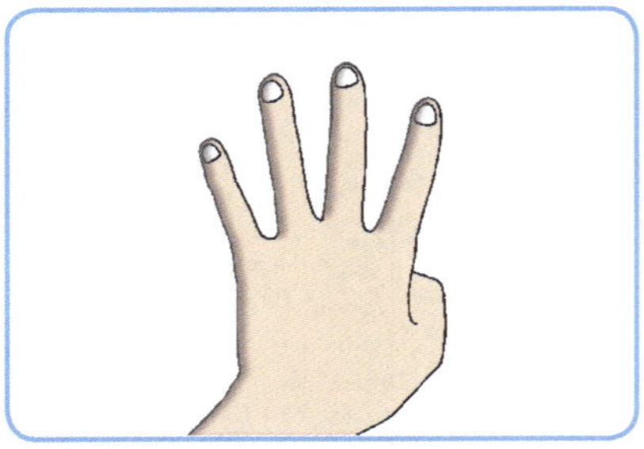

4 unidades

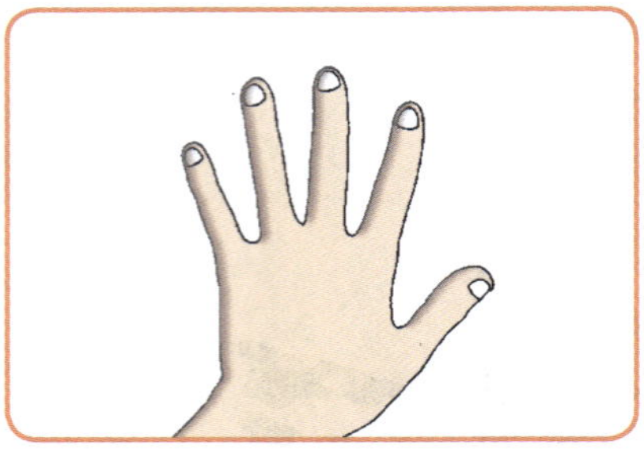

5 unidades

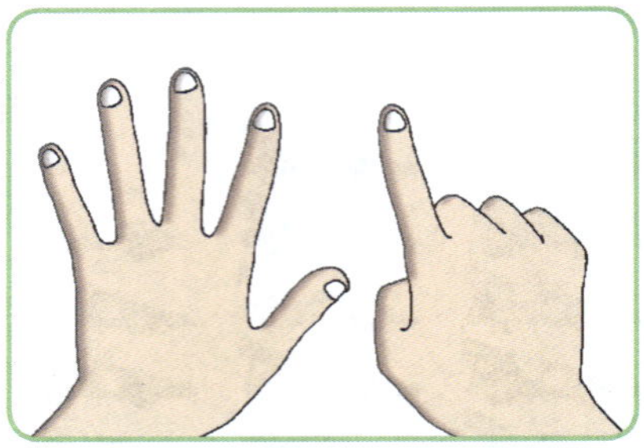

6 unidades

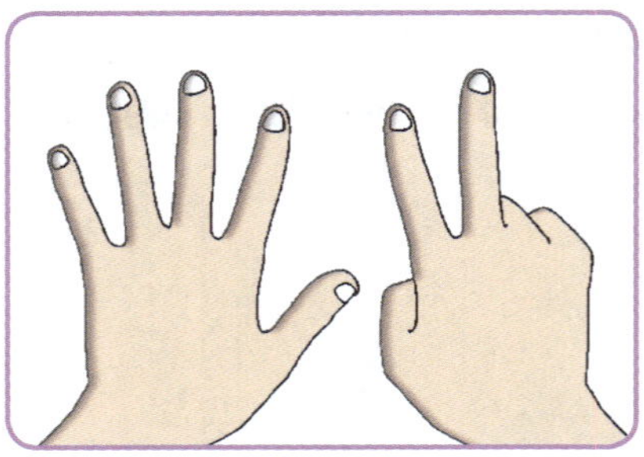

7 unidades

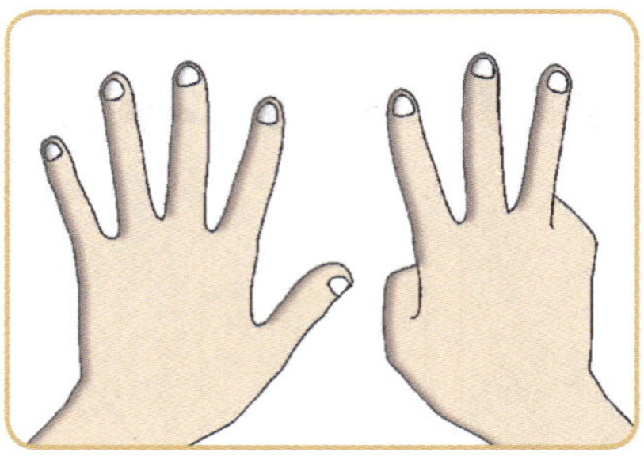

8 unidades

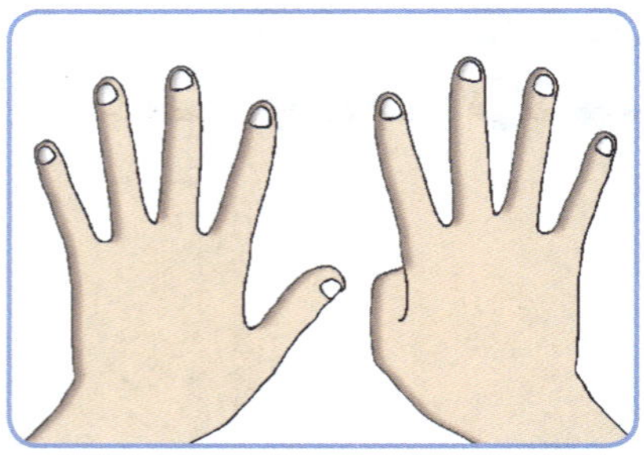

9 unidades

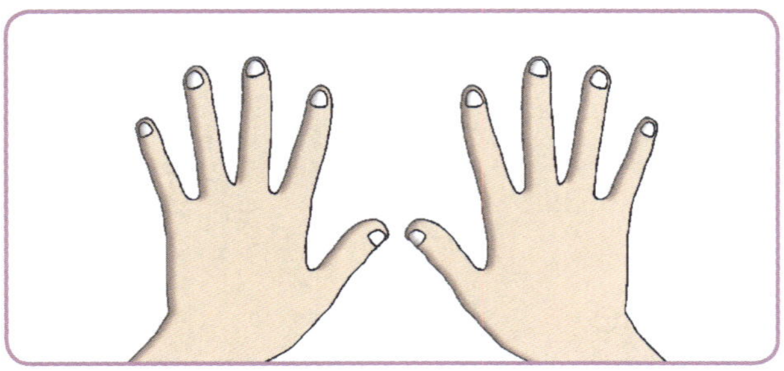

10 unidades
1 dezena

Ilustrações: Avalone/Arquivo da editora

1. Desenhe, em cada quadro, as moedas que faltam para Adriane completar uma dezena de moedas.

Ilustrações: Avalone/Arquivo da editora

2. Desenhe na caixa a quantidade necessária de lápis para completar uma dezena.

3. Veja a quantidade de carrinhos que Tadeu comprou:

a) Quantos carrinhos Tadeu comprou? ☐

b) 1 carrinho corresponde a ☐ unidade.

c) 10 carrinhos correspondem a ☐ dezena.

O número dez

Para escrever o número **10**, usamos o **1** e o **0**, cada um em uma posição. Cada posição recebe o nome de **ordem**.

10

Veja como os alunos representaram as quantidades de  no quadro de ordens.

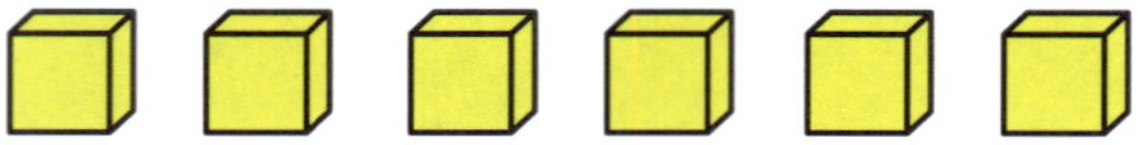

dezenas	unidades
	6

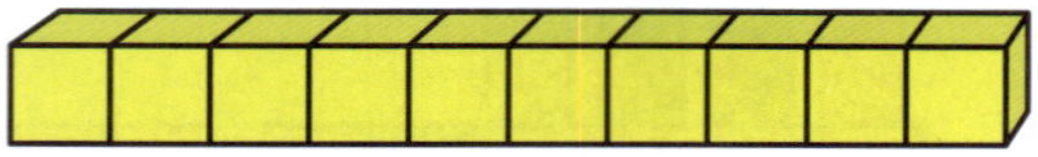

dezenas	unidades
1	0

- Agora represente a quantidade de objetos no quadro de ordens.

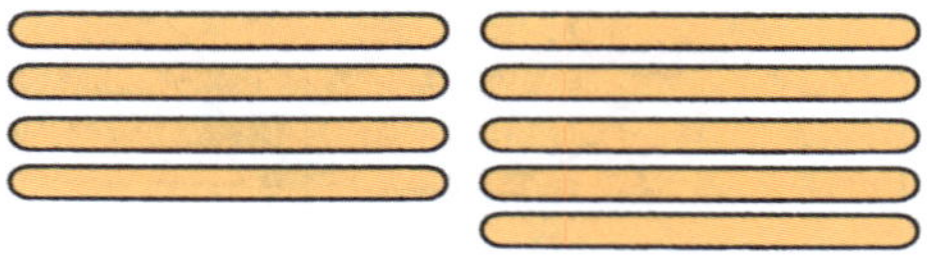

dezenas	unidades

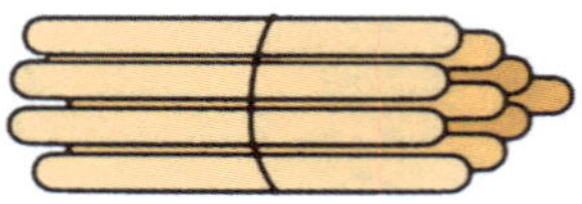

dezenas	unidades

dezenas	unidades

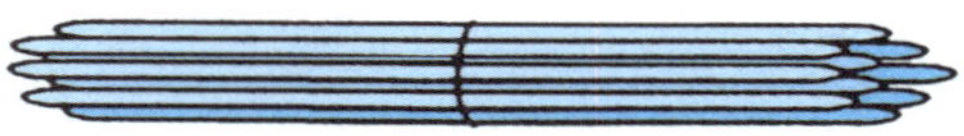

Ilustrações: Avalone/Arquivo da editora

dezenas	unidades

1. Observe a quantidade de quadrados e pinte apenas 10.

a) Os quadrados que você pintou formam _____ unidades, que formam 1 dezena.

b) Agora, continue escrevendo.

10

dez

2. Pinte a arca em que aparece 10 animais (uma dezena de animais).

Ilustra Cartoon/Arquivo da editora

Números de 11 a 19

- Continue a preencher.

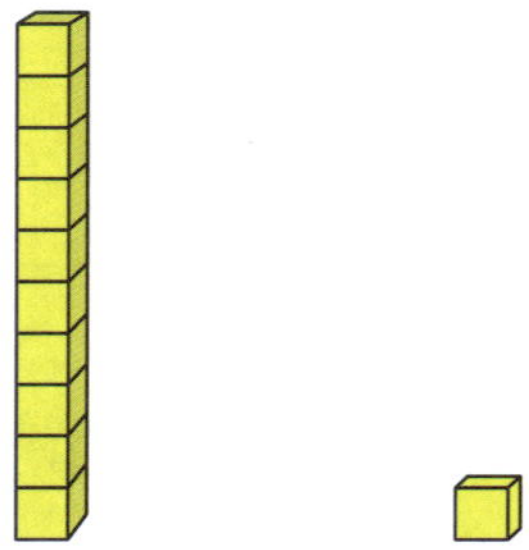

1 dezena + 1 unidade = [11] onze ______onze______

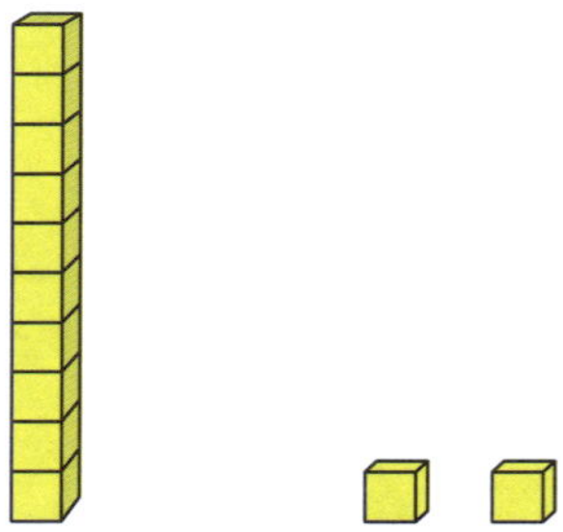

1 dezena + 2 unidades = [ ] doze ____________

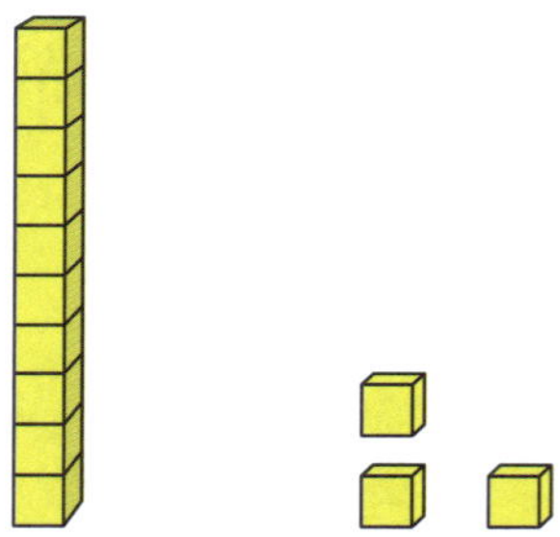

1 dezena + 3 unidades = [ ] treze ____________

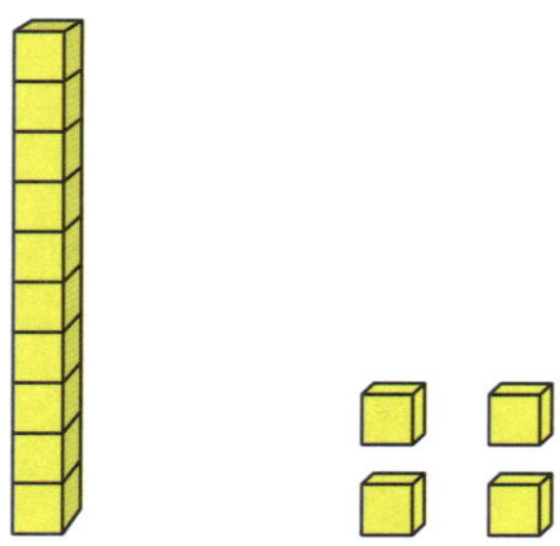

1 dezena + 4 unidades = [ ] catorze ____________

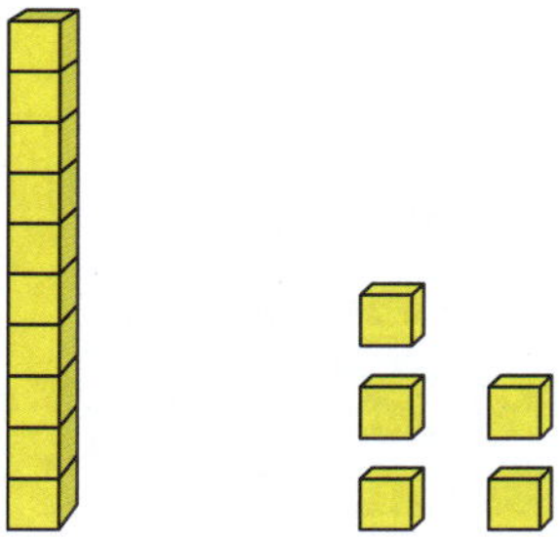

1 dezena + 5 unidades = ☐ quinze ____________

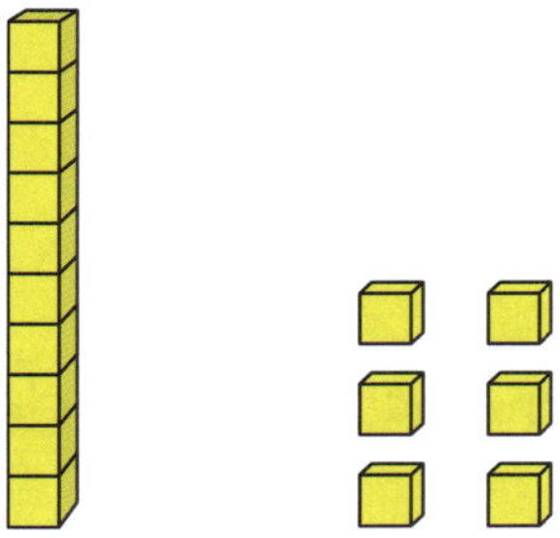

1 dezena + 6 unidades = ☐ dezesseis ____________

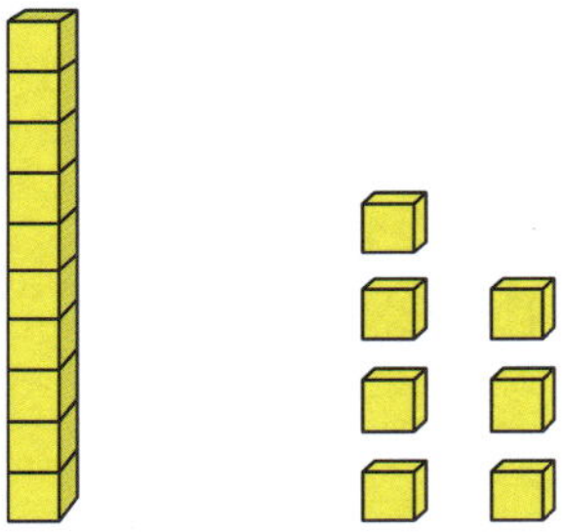

1 dezena + 7 unidades = ☐ dezessete ____________

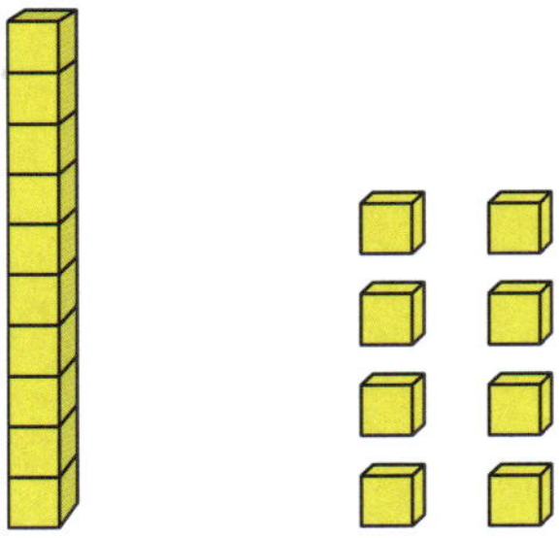

1 dezena + 8 unidades = ☐ dezoito ____________

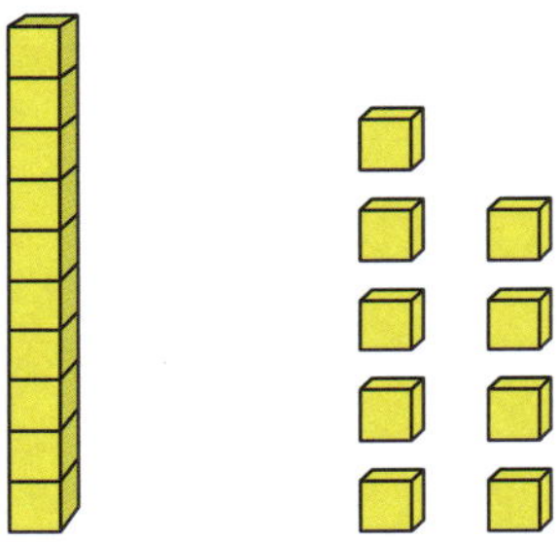

1 dezena + 9 unidades = ☐ dezenove ____________

Contando até 30

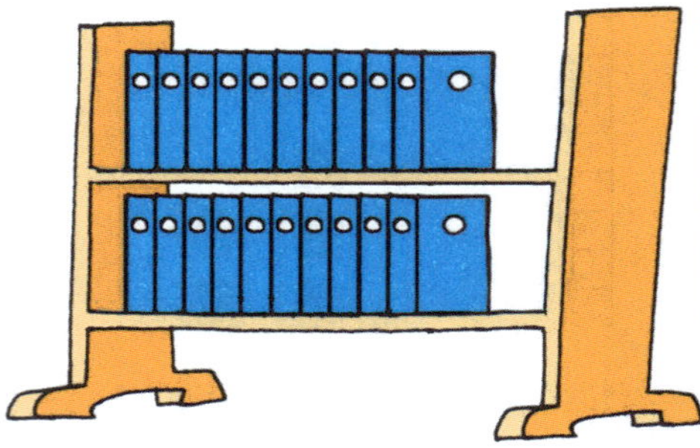
Ilustrações: Avalone/Arquivo da editora

A mãe de Michele tem uma estante de livros. Para ajudá-la a organizar esses livros nas prateleiras, Michele os agrupou de dez em dez.

Na estante existem _____ livros.

dezenas	unidades
2	0

2 dezenas de livros = 20 ou vinte unidades

Vamos acompanhar agora como a coleção de livros da mãe de Michele aumenta.

2 dezenas + 1 unidade = _____ ou vinte e um

2 dezenas + 2 unidades = _____ ou vinte e dois

2 dezenas + 3 unidades = _____ ou vinte e três

2 dezenas + 4 unidades = _____ ou vinte e quatro

Ilustrações: Avalone/
Arquivo da editora

2 dezenas + 5 unidades = ______ ou vinte e cinco

2 dezenas + 6 unidades = ______ ou vinte e seis

2 dezenas + 7 unidades = ______ ou vinte e sete

2 dezenas + 8 unidades = ______ ou vinte e oito

2 dezenas + 9 unidades = ______ ou vinte e nove

3 dezenas = ______ ou trinta

Numeração ordinal

Nos jogos do Campeonato Mundial de Vôlei masculino realizados em 2010 na Itália, os países finalistas tiveram a seguinte posição:

1º Brasil

2º Cuba

3º Sérvia

4º Itália

Com a primeira colocação, o Brasil tornou-se tricampeão mundial de vôlei.

Para indicar ordem, posição ou lugar, usamos os **numerais ordinais**.

Vamos conhecer a escrita dos numerais ordinais até 10:

Ilustra Cartoon/
Arquivo da editora

1. Leia.

OS TRÊS PORQUINHOS

AS TRIGÊMEAS APARECERAM EM UM CAMPO VERDINHO. ESCUTARAM PASSOS SE APROXIMANDO E SE ESCONDERAM ATRÁS DE UMA ÁRVORE...

– VEJAM, SÃO OS TRÊS PORQUINHOS!

– PARECE QUE VÃO CONSTRUIR ALGUMA COISA – DISSE HELENA.

Os três porquinhos, de Roser Capdevila e Mercè Company. São Paulo: Scipione, 2004. (Contos Fantásticos das Trigêmeas).

- Veja as ilustrações abaixo. Em que ordem as cenas são citadas em **Os três porquinhos**?

2. Descubra que números ordinais estão faltando nas medalhas abaixo:

Ilustrações: Avalone/Arquivo da editora

Contando até 50

Marta vai enfeitar um salão para uma festa. Vamos ajudá-la, agrupando os balões.

1. Agrupe os balões de dez em dez. Depois registre a quantidade no quadro de ordens.

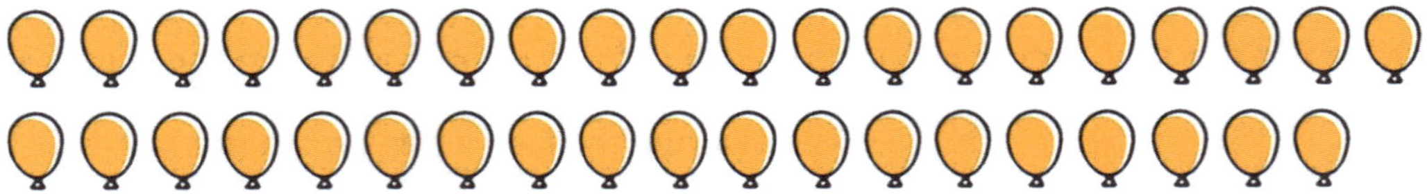

Ilustrações: Avalone/ Arquivo da editora

dezenas	unidades

= ☐ = trinta e nove

dezenas	unidades

= ☐ = trinta e dois

dezenas	unidades

= ☐ = trinta e cinco

dezenas	unidades

= ☐ = trinta e sete

dezenas	unidades

= ☐ = trinta e um

2. Complete com o número que as imagens representam.

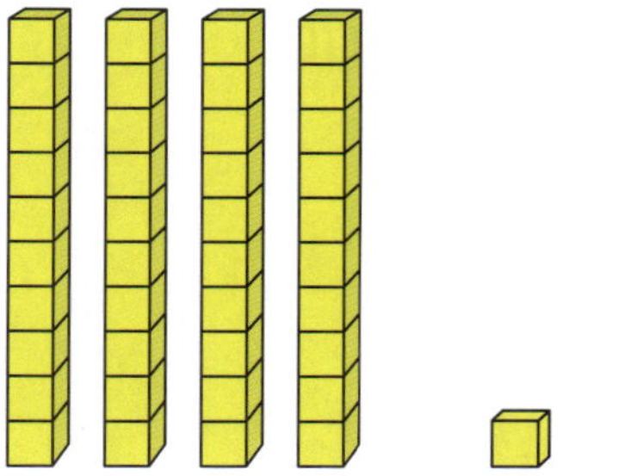

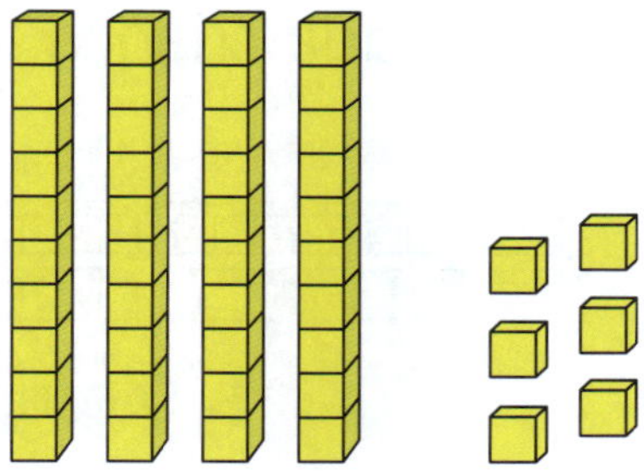

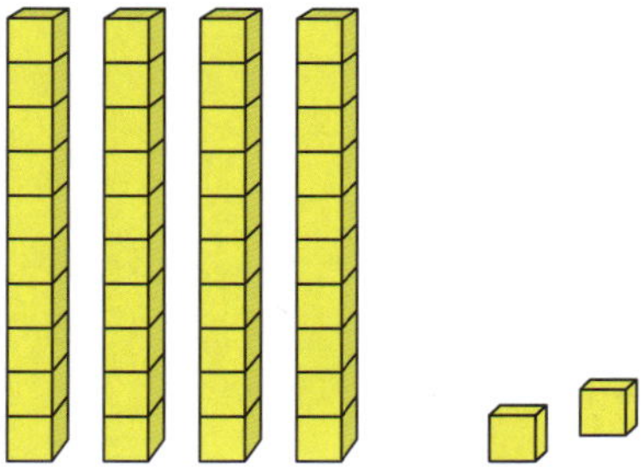

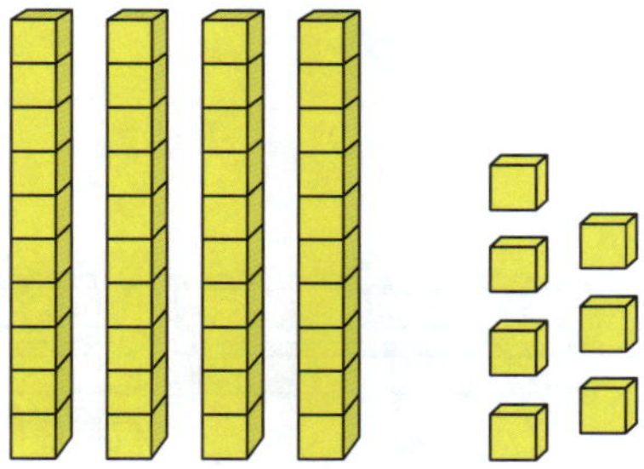

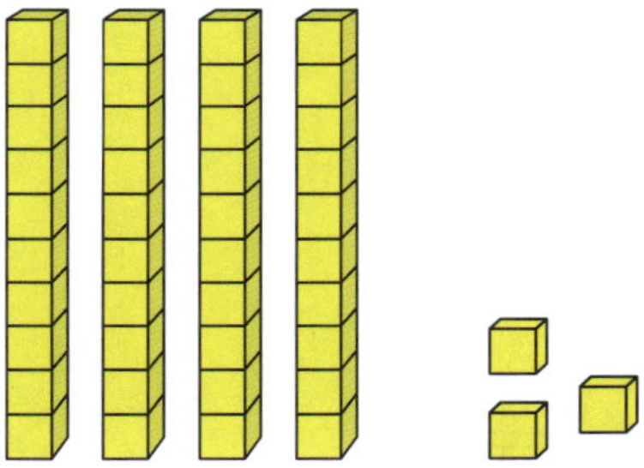

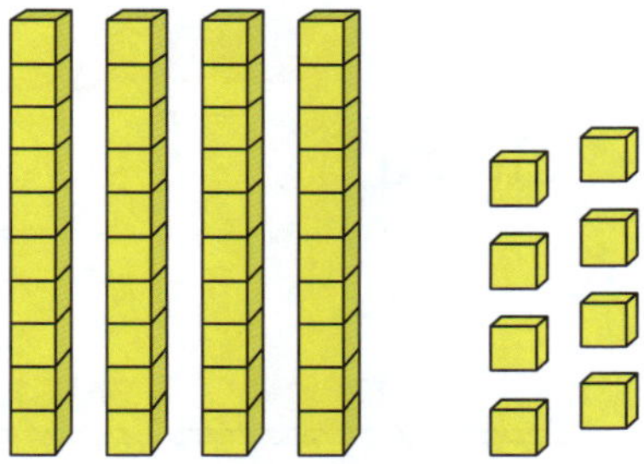

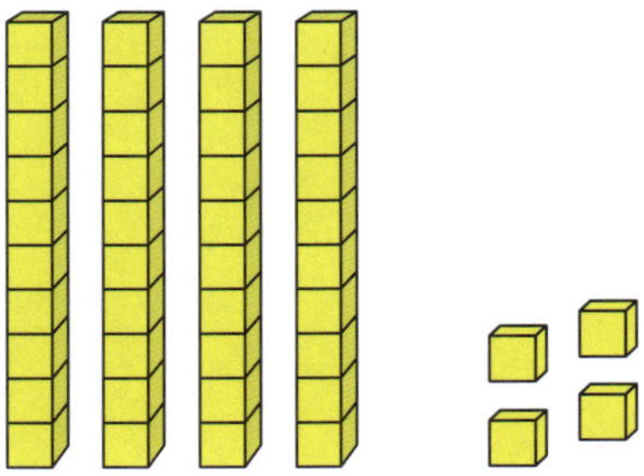

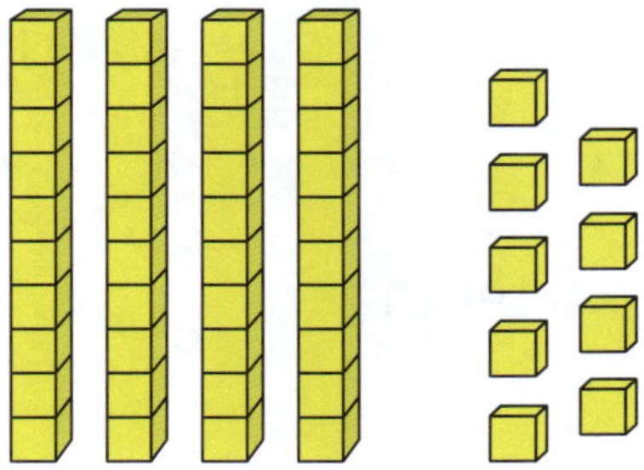

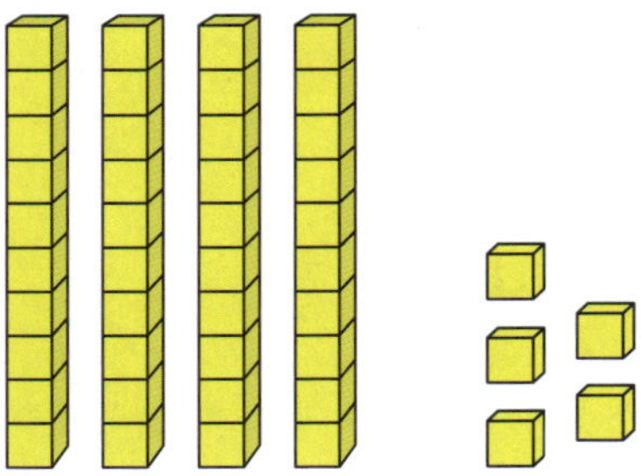

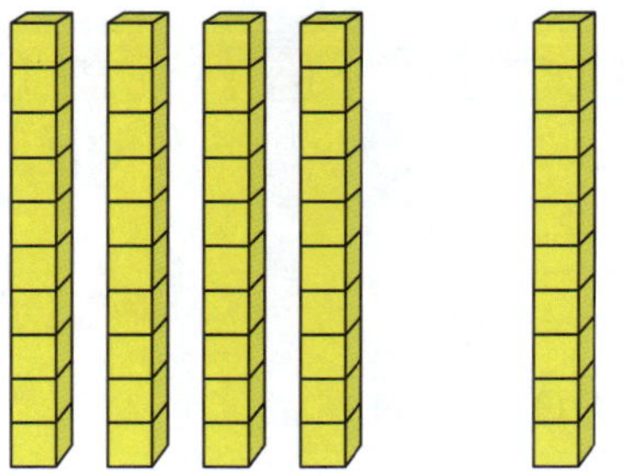

Contando até 99

Observe como cada criança arrumou o material dourado.

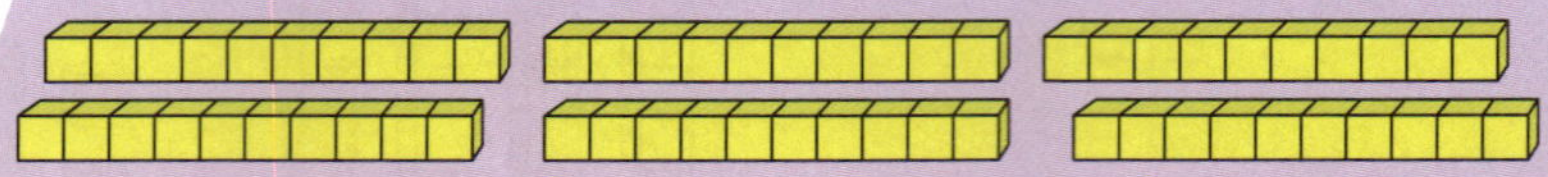

6 grupos de 10

60
sessenta →

dezenas	unidades
6	0

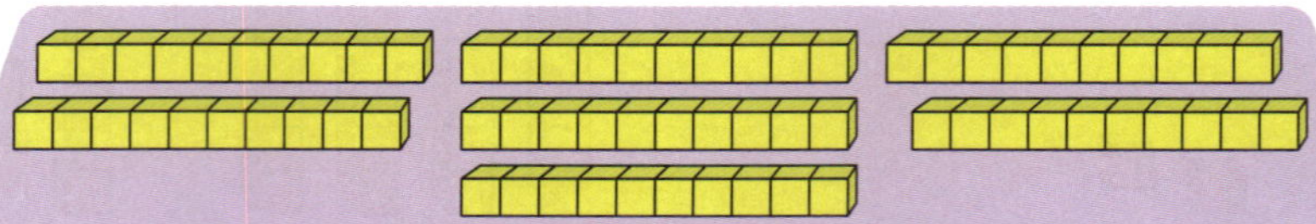

7 grupos de 10

70
setenta →

dezenas	unidades
7	0

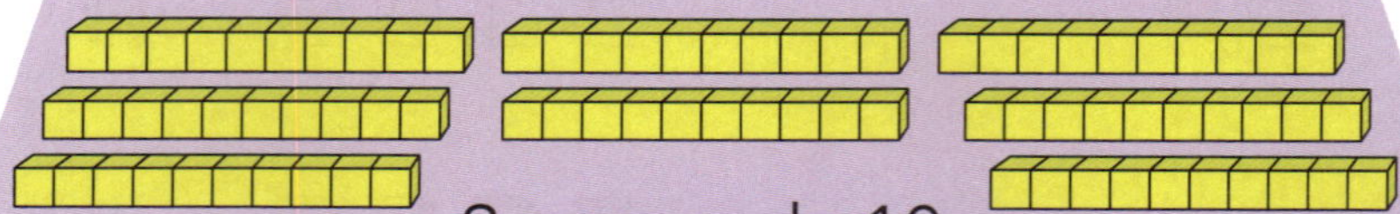

8 grupos de 10

80
oitenta →

dezenas	unidades
8	0

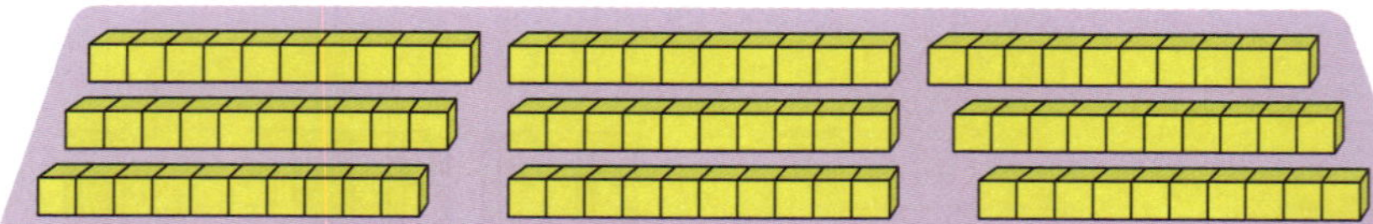

9 grupos de 10

90
noventa →

dezenas	unidades
9	0

1. Veja as casas abaixo:

Ilustrações: Avalone/Arquivo da editora

a) Em cada uma dessas casas, o número deve ter uma unidade a mais que a casa anterior. Preencha os números que faltam.

b) Agora escreva todos os números das casas em ordem decrescente (do maior até chegar ao menor).

____

____

____

2. Complete a tabela dos números.

mais	1	2	3	4	5	6	7	8	9
50			53						
60									69
70	71								
80								88	
90					95				

A centena

O agrupamento de 100 unidades se chama **centena**. Observe:

unidade

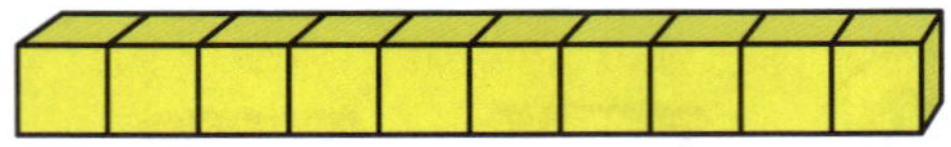

dezena

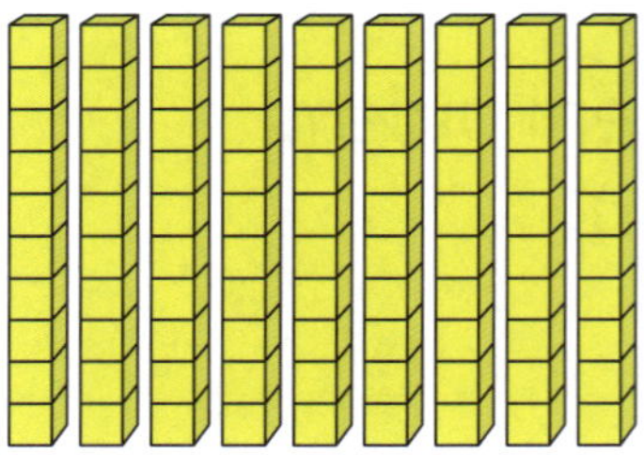 +  = 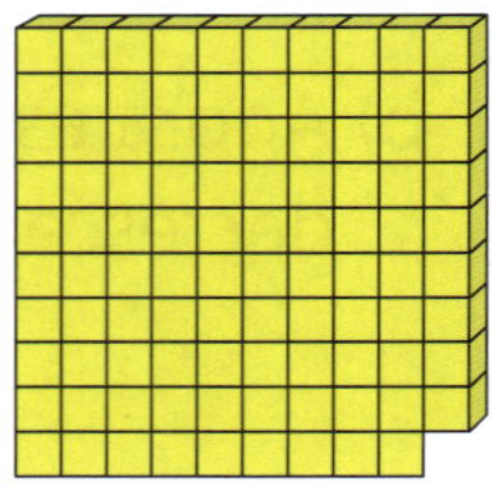

9 dezenas + 9 unidades = 99 unidades

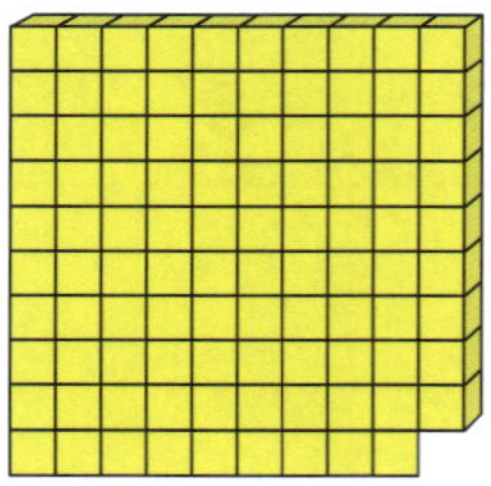 +  = 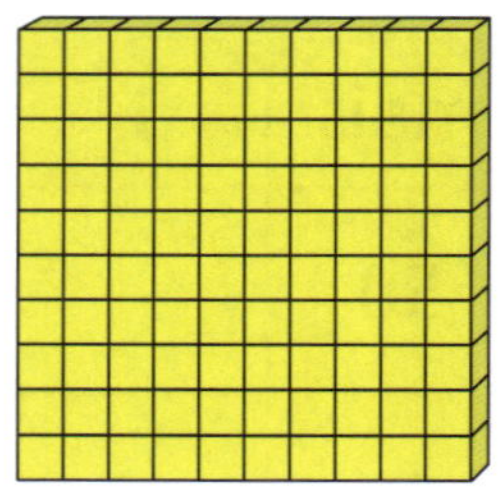

99 unidades + 1 unidade = 100 unidades

10 dezenas
1 centena

1. Circule grupos de 10.

Ilustrações: Avalone/Arquivo da editora

- Agora, responda:

a) Quantos grupos você formou? ☐

b) Quantas unidades há em cada grupo? ☐

c) Quantas unidades há no total? ☐

2. Complete a cartela com os números que faltam.

1	2		4			7	8	9	
11	12			15	16	17		19	20
		23	24		26	27	28		
31	32	33	34	35	36	37	38	39	40
	42		44	45	46		48	49	50
51			54	55	56	57		59	
61	62	63			66	67		69	70
71			74	75		77	78		80
81	82	83		85			88	89	90
	92	93	94		96	97		99	

Números pares e números ímpares

Artur tinha 8 morangos e agrupou-os de 2 em 2. Não sobrou nenhum morango sozinho.

Stockdisc

As meninas da classe se agruparam de 2 em 2 e não sobrou nenhuma sozinha.

Avalone/Arquivo da editora

8 é um número par.

O número é **par** quando, ao ser agrupado de 2 em 2, não sobra unidade.

Carla agrupou as uvas de 2 em 2. Sobrou 1 uva.

Mau Horng/Shutterstock

9 é um número ímpar.

O número é **ímpar** quando, ao ser agrupado de 2 em 2, sobra 1 unidade.

1. Atenção, os bombeiros vão entrar em ação. Eles vão calçar as botas.

Avalone/Arquivo da editora

- As botas acima são suficientes para calçar quantos bombeiros? ☐

2. Manuela e Joaquim estão decidindo no par ou ímpar quem vai começar o jogo.

Ilustra Cartoon/Arquivo da editora

a) Quem escolheu par? Quantos dedos a criança mostrou?

____

b) Quem escolheu ímpar? Quantos dedos a criança mostrou?

____

c) O total de dedos é 5, número ímpar. Quem vai começar o jogo?

____

De olho na resolução de problemas

Faça em seu caderno

- 10 pontos
- 8 pontos
- 5 pontos
- 3 pontos

Na escola de Felipe, está acontecendo um campeonato de arco e flecha. Observe os resultados e complete. Não se esqueça de consultar a tabela de pontos.

Felipe

____ + ____ = ____

Jéssica

____ + ____ = ____

Ilustrações: Ilustra Cartoon/Arquivo da editora

Lucas

____ + ____ = ____

1. Quem venceu o campeonato? ____________

2. Quantos pontos marcou o vencedor? ☐

3. Quantos pontos fez a menina? ☐

4. Em que posição ela ficou?

☐ 1º ☐ 2º ☐ 3º

5. Quem fez o menor número de pontos? ____________

Unidade
3

Geometria e operações básicas

Simone Ziasch/Arquivo da editora

O QUE VOU ESTUDAR?

- Figuras geométricas
- Sólidos geométricos
- Operações com números naturais
- Cédulas e moedas

8

Figuras geométricas

O tangram é um divertido quebra-cabeça. As peças do tangram são figuras geométricas e com elas podemos formar muitos desenhos.

Veja as figuras de animais que Luciana fez usando o tangram. Você reconhece que bichos são esses?

1. Pinte o trem de acordo com a legenda.

2. Pinte a quantidade de figuras indicadas.

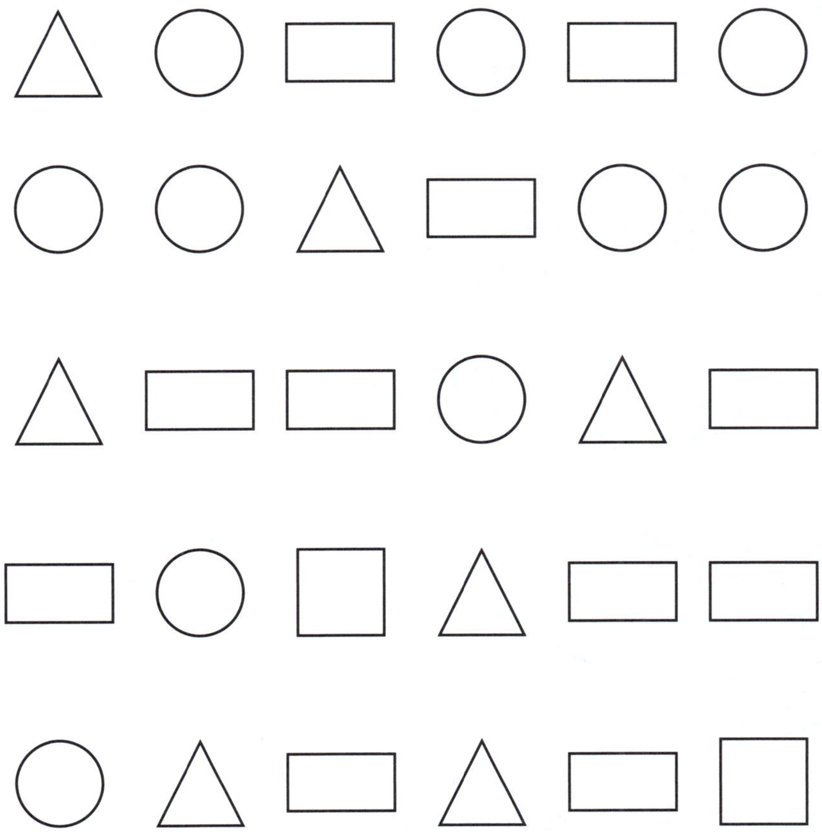

9

Sólidos geométricos

Todos os objetos têm uma forma. Observe as figuras.

Ilustrações: Avalone/Arquivo da editora

1. Pinte da mesma cor os objetos que têm a mesma forma.

2. Escreva embaixo de cada figura o número que indica sua forma. Observe a legenda.

 cubo	 cone	 esfera	 paralelepípedo	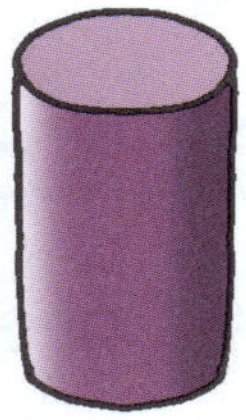 cilindro
1	2	3	4	5

Ilustrações: Avalone/Arquivo da editora

	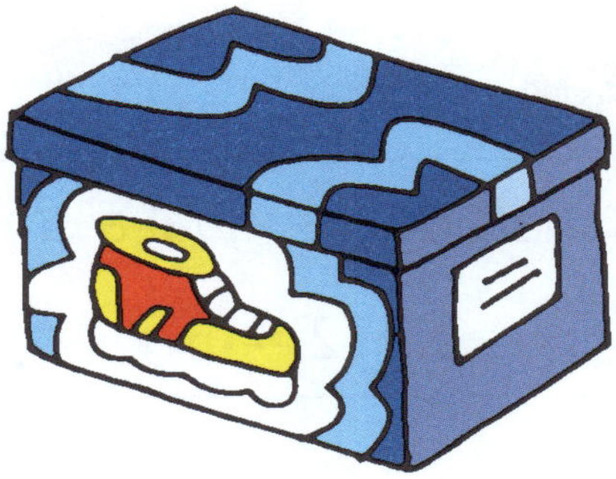	
☐	☐	☐

☐	☐	☐

10

Operações com números naturais

Adição com total até 9

Carol e Roberto brincam de somar com as mãos. Para representar o que eles estão fazendo, Janete escreve uma **adição**. Observe:

três mais dois é igual a cinco
3 + 2 = 5

Continue o que Janete estava fazendo. Complete:

☐ + ☐ = ☐

☐ + ☐ = ☐

☐ + ☐ = ☐

Ilustrações: Ilustra Cartoon/ Arquivo da editora

1. Quantas flores há ao todo?

$$\begin{array}{r} 1 \\ +\ 2 \\ \hline \_\_\_ \end{array}$$

$1 + 2 =$ ______

$$\begin{array}{r} 3 \\ +\ 2 \\ \hline \_\_\_ \end{array}$$

$3 + 2 =$ ______

Ilustrações: Avalone/Arquivo da editora

$$\begin{array}{r} 5 \\ +\ \_\_ \\ \hline \_\_\_ \end{array}$$

$5 + 4 =$ ______

2. Roberto e Carol brincam com dois dados. Observe e complete a história.

a) Carol jogou os dados.

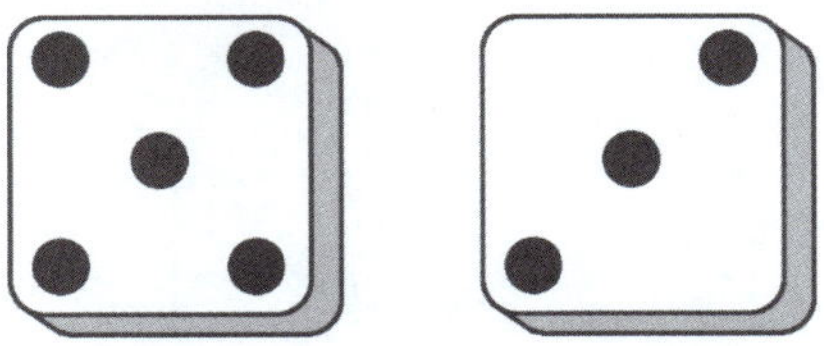

Ao todo, ela fez ______ pontos.

b) Depois foi a vez de Roberto.

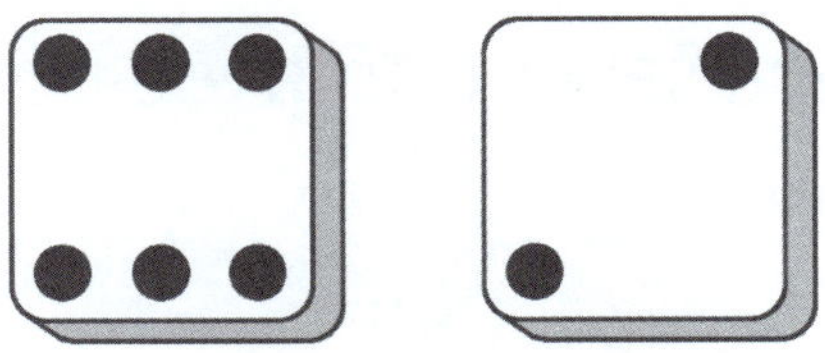

Ao todo, ele fez ______ pontos.

c) Qual dos dois fez mais pontos?

____

Adição com total até 19

Júlio, Alice e Pedro estavam jogando boliche no quintal. As peças do jogo eram feitas de garrafinhas de plástico pintadas com cores diferentes.

Na primeira rodada, veja o que aconteceu:

Ilustrações: Ilustra Cartoon/ Arquivo da editora

2	4	5

Para saber o total de pontos de Alice, é preciso resolver esta adição:

$$\begin{array}{r} 2 \\ 4 \\ +\ \ 5 \\ \hline 11 \end{array}$$

$$2 + 4 + 5 = 11$$

- Descubra os pontos marcados por Alice, Júlio e Pedro nesta nova rodada.

_____ + _____ + _____ + _____ = _____ **Alice**

_____ + _____ + _____ = _____ **Júlio**

Ilustrações: Ilustra Cartoon/Arquivo da editora

_____ + _____ + _____ + _____ = _____ **Pedro**

Ainda trabalhando com a adição

Veja as bolinhas de gude que Breno ganhou.

DE MAURO **DE LIA**

Ilustrações: Ilustra Cartoon/Arquivo da editora

a) Quantas bolinhas Breno ganhou de Mauro? ☐

b) Quantas bolinhas Breno ganhou de Lia? ☐

c) Quantas bolinhas Breno ganhou ao todo? ☐

Agora, usando uma adição, vamos representar a quantidade de bolinhas que Breno tem:

$11 + 8 = 19$ ou

dezenas	unidades
1	1
+	8
1	9

1. O número que aparece nos balões indica o total de uma das adições abaixo. Ligue cada balão à adição correta.

$3 + 3 =$

$12 + 5 =$

$5 + 5 + 4 =$

$4 + 6 =$

$10 + 8 + 1 =$

$2 + 7 =$

Ilustrações: Avalone/Arquivo da editora

2. Represente o total de frutas que há em cada quadro, escrevendo uma adição.

Tischenko Irina/Shutterstock

StockDisc

D	U
+	

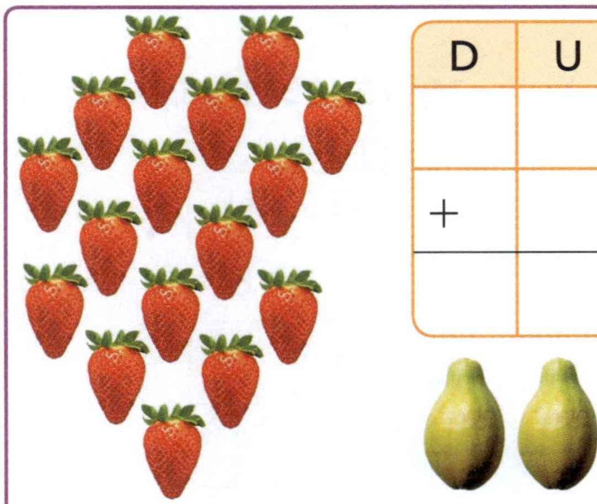

StockDisc

D	U
+	

Domingues/Editora Abril

Petoo/Shutterstock

D	U
+	

Representação da adição – material dourado e quadro de ordens

Representamos cada número assim:

16 + 12 =

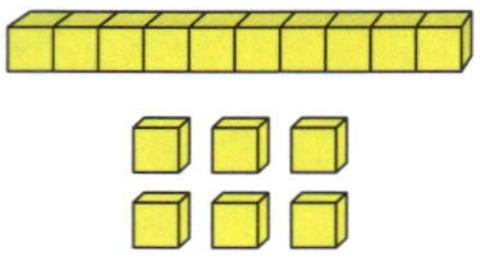

mais

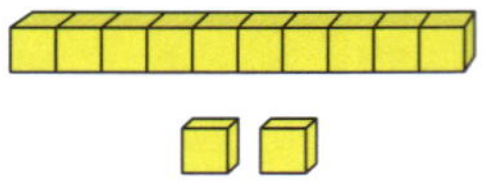

Em seguida, juntamos todas as barras e todos os cubinhos. Observe:

16 + 12 = 28

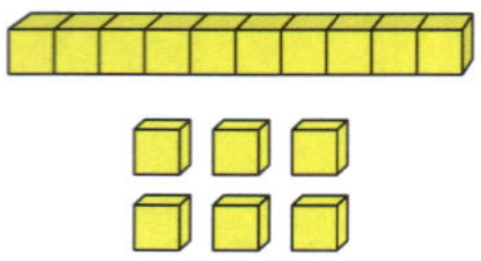

mais

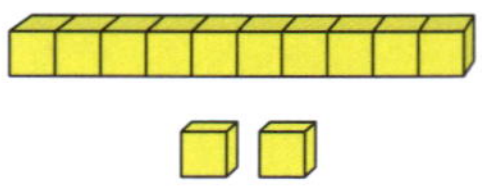

igual

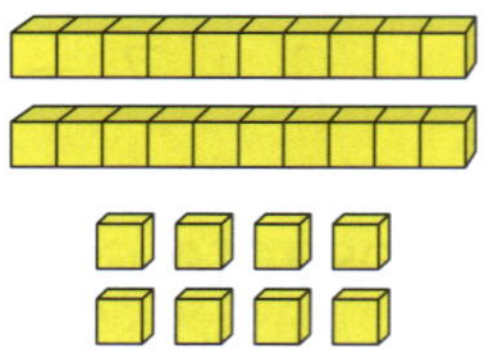

Veja, agora, com o quadro de ordens.

D	U
1	6
+ 1	2
	8

Somamos as unidades

6U + 2U = 8U

D	U
1	6
+ 1	2
2	8

Somamos as dezenas

1D + 1D = 2D

2 dezenas + 8 unidades = ☐

- Descubra o segredo e complete. O primeiro já está pronto.

35 + 11 = 46

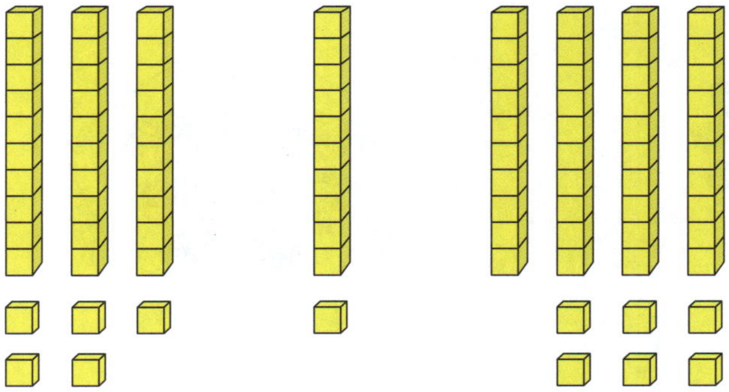

dezenas	unidades
3	5
+ 1	1
4	6

25 + 14 = ______

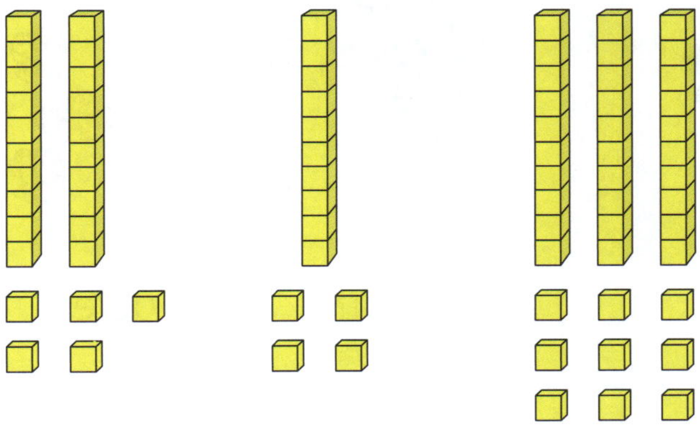

dezenas	unidades
+	

18 + 10 = ______

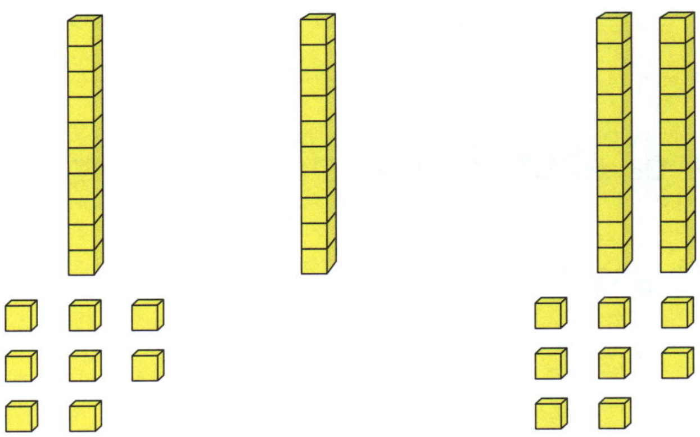

dezenas	unidades
+	

Subtração com números até 9

Observe as ilustrações e complete.

Ilustrações: Avalone/Arquivo da editora

Eram _____ pássaros.

Voaram _____ pássaros.

Ficaram _____ pássaros.

Havia _____ doces.

Comi _____ deles.

Sobraram _____ doces.

Para tirar uma quantidade da outra, fazemos uma subtração.

Representamos a subtração assim:

$6 - 2 = 4$

$9 - 4 = 5$

1. Observe, conte e complete os quadros:

Quantidade de doces ☐ Tira ☐ Restam ☐

8 menos 2 é igual a seis

$8 - 2 =$ ______

2. Observe as figuras, conte e complete:

$6 - 1 =$ ______

______ − ______ = ______

______ − ______ = ______

______ − ______ = ______

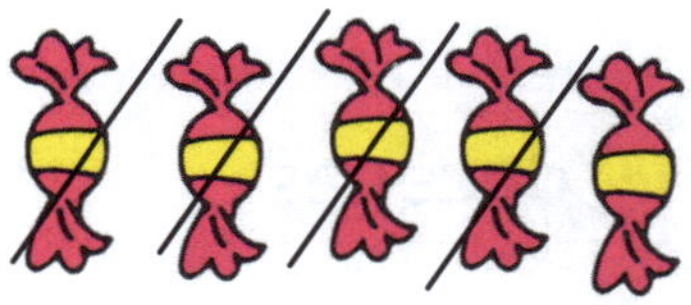

______ − ______ = ______

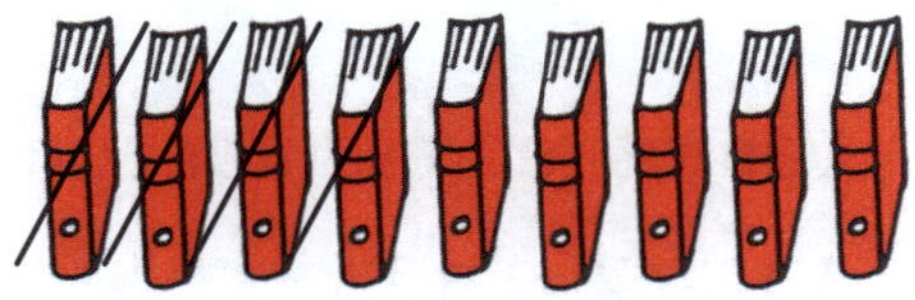

______ − ______ = ______

Ilustrações: Avalone/Arquivo da editora

Subtração com números até 19

Cante com os colegas.

ONDE ESTÁ A MARGARIDA
OLÊ, OLÊ, OLÁ
ONDE ESTÁ A MARGARIDA
OLÊ, SEUS CAVALHEIROS

ELA ESTÁ EM SEU CASTELO
OLÊ, OLÊ, OLÁ
ELA ESTÁ EM SEU CASTELO
OLÊ, SEUS CAVALHEIROS

MAS EU QUERIA VÊ-LA
OLÊ, OLÊ, OLÁ
MAS EU QUERIA VÊ-LA
OLÊ, SEUS CAVALHEIROS

MAS O MURO É MUITO ALTO
OLÊ, OLÊ, OLÁ
MAS O MURO É MUITO ALTO
OLÊ, SEUS CAVALHEIROS

Popular

Na parte do castelo onde estava Margarida, havia 14 grandes pedras. Para que ela pudesse aparecer, foram tiradas 2 pedras. Observe:

Avalone/Arquivo da editora

Vamos representar com números:

14 − 2 = 12

Catorze menos dois é igual a doze.

dezenas	unidades
1	2

1. Veja o exemplo abaixo:

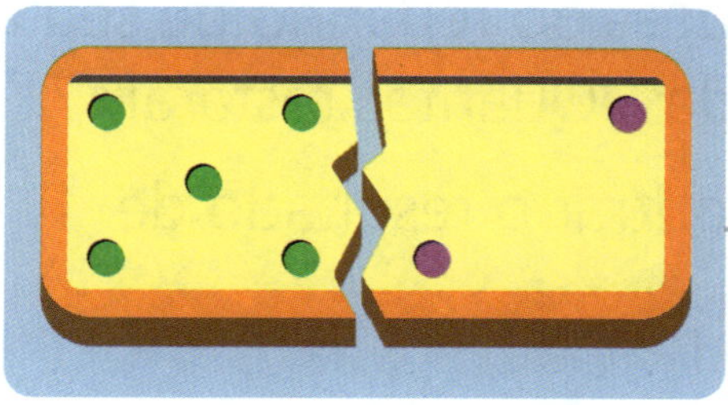

7

7 − 2 = 5

- Continue a escrever as subtrações a seguir.

Ilustrações: Avalone/Arquivo da editora

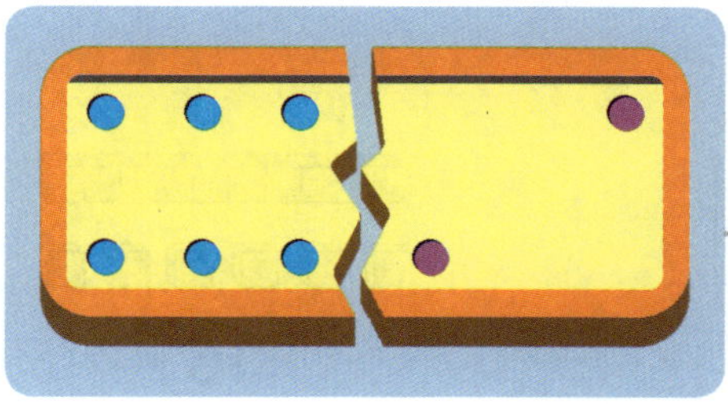

8

8 − _____ = _____

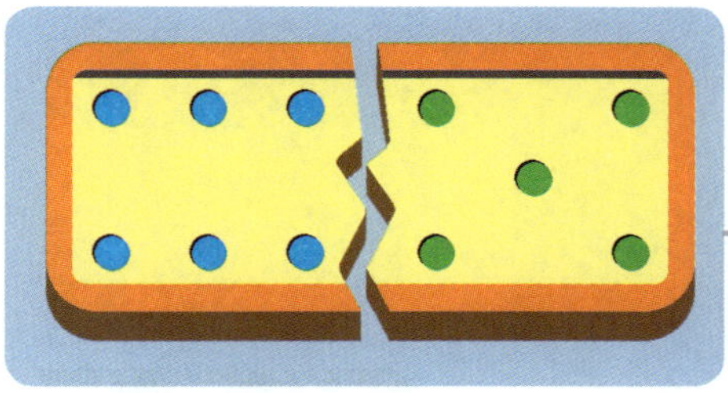

11

_____ − 5 = _____

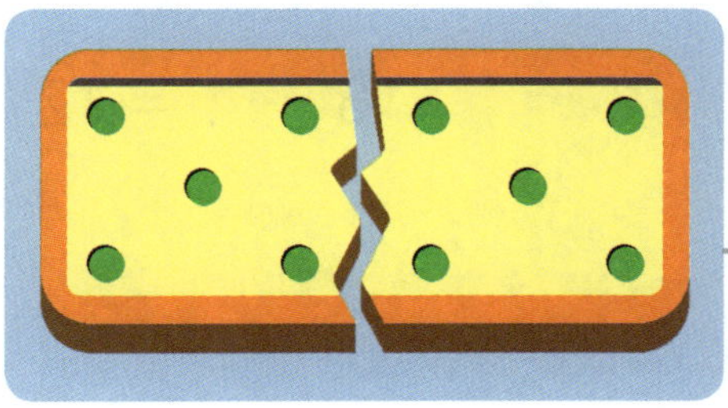

10

_____ − _____ = _____

2. Resolva as subtrações.

18	25	19	34	63	94
− 6	− 10	− 17	− 12	− 13	− 14

Ainda trabalhando com a subtração

Todos os dias, Hugo saía com as 16 vacas do rebanho de seu avô para pastar. Dessas vacas, 4 foram vendidas. Quantas restaram?

Para achar a resposta precisamos encontrar o resultado de:

$$16 - 4 = ?$$

Veja como Hugo efetuou esse cálculo:

Ilustrações: Ilustra Cartoon/ Arquivo da editora

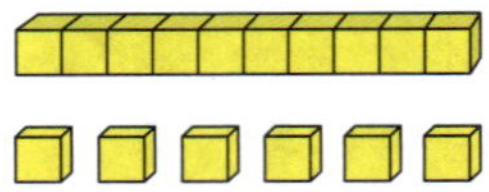

16

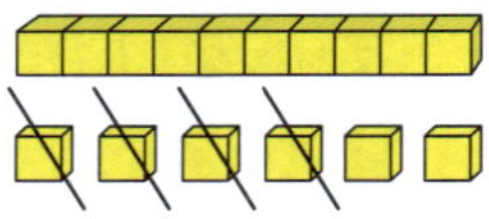

$16 - 4 = 12$

Agora efetue a operação com o quadro de ordens.

	D	U
	1	6
−		4

- Observe as figuras e faça as subtrações. As peças riscadas indicam a quantidade que foi retirada.

27 − 13 = 14

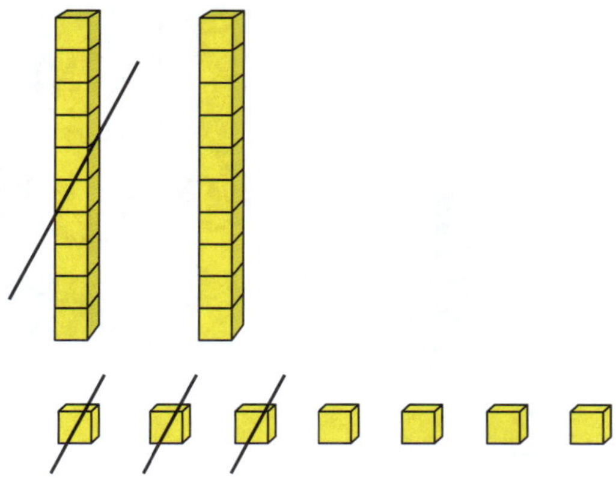

dezenas	unidades
2	7
− 1	3

36 − 24 = ______

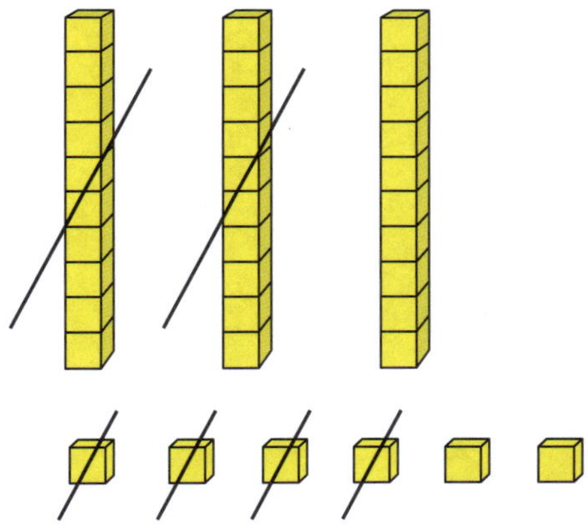

dezenas	unidades
3	6
−	

45 − 12 = ______

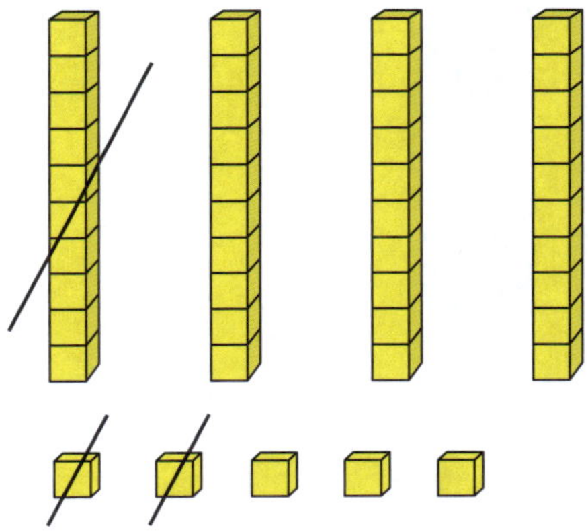

dezenas	unidades
4	5
−	

Trabalhando com adição e subtração

Observando uma peça de um jogo de dominó, Renato escreveu as seguintes adições e subtrações.

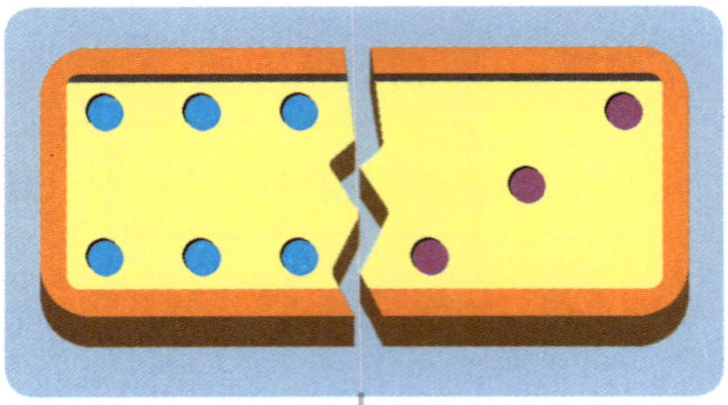

Ilustra Cartoon/Arquivo da editora

$6 + 3 = 9$

$3 + 6 = 9$

9

$9 - 3 = 6$

$9 - 6 = 3$

Faça como Renato. Observe as peças do jogo e escreva as adições e subtrações que você conseguir.

Ilustrações: Avalone/Arquivo da editora

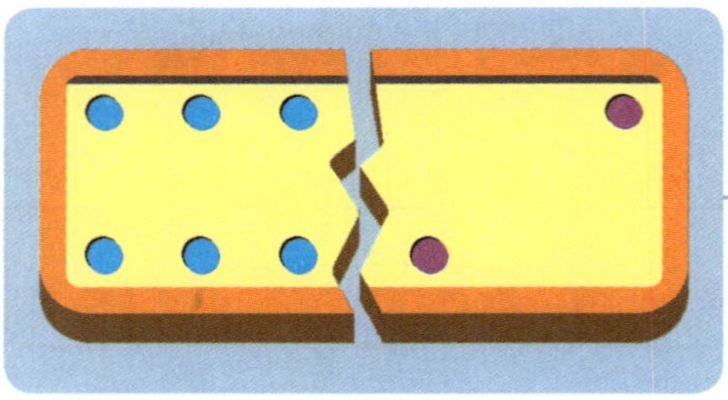

8

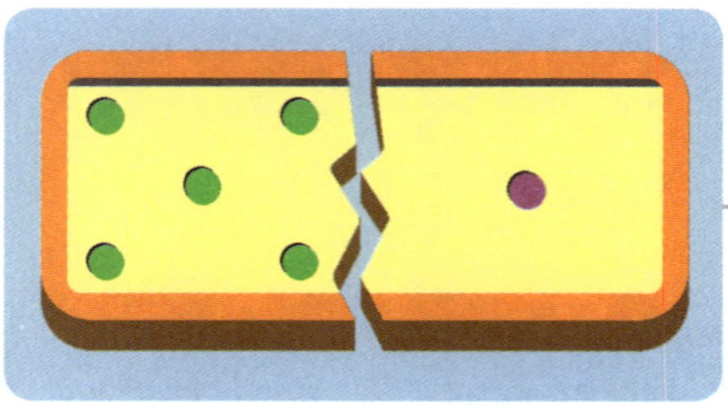

6

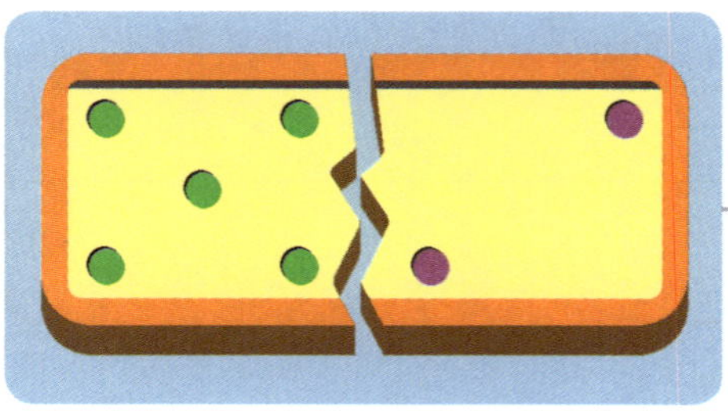

7

1. Observe o movimento no estacionamento e depois responda:

Entraram 5 carros.

Depois chegaram mais 8.

Agora estão saindo 3.

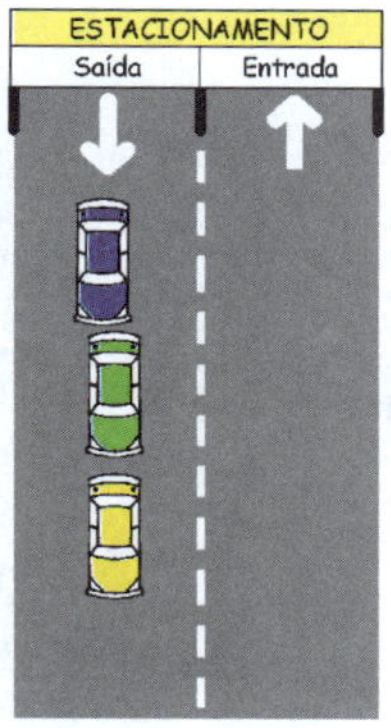

Ilustrações: Avalone/Arquivo da editora

a) Quantos carros entraram no início? ______________________

b) Quantos carros chegaram depois? ______________________

c) Quantos carros ficaram ao todo? ______________________

d) Quantos carros saíram? ______________________

e) Quantos carros restaram? ______________________

2. Você sabe como usar uma calculadora? Observe a imagem.

Karen Roach/Shutterstock/Glow Images

- Agora, descubra se é adição ou subtração e complete os ☐ com **+** ou **–**. Para isso, é só observar o número que aparece no visor.

9	☐	6	3
4	☐	2	6
1	☐	7	8
8	☐	7	1

5	☐	1	4
3	☐	2	5
2	☐	5	7
8	☐	6	2

11

Cédulas e moedas

Quando compramos alguma coisa, usamos moedas ou cédulas para pagar. Veja o valor de cada uma.

Fotos: Casa da Moeda do Brasil/Arquivo da Editora

Fazendo compras

Carla viu uma linda boneca na vitrine de uma loja. Ela pode comprá-la? Por quê?

Ilustra Cartoon/Arquivo da editora

1. Observe os preços dos objetos abaixo.

Ilustrações: Ilustra Cartoon/Arquivo da editora

Imagine que você fez as compras da lista ao lado. Calcule quanto você gastou e anote.

Compra	Gasto

2. Complete o quadro.

Você tem	Gasta	O troco é
9 reais	5 reais	
5 reais	1 real	
8 reais	7 reais	
4 reais	4 reais	

De olho na resolução de problemas

Faça em seu caderno

1. Gustavo ficou maravilhado com a coleção de miniaturas de carrinhos coloridos de André.

Ilustra Cartoon/Arquivo da editora

2. Quantos carrinhos há ao todo na coleção de André? ☐

3. André vai tirar   para dar ao amigo.

Complete: ☐ − ☐ = ☐

Restarão _____ carrinhos verdes na coleção.

4. O pai de André chegou à noite e trouxe 4 carrinhos azuis.

Complete: ☐ + ☐ = ☐

Agora, André tem _____ carrinhos azuis na sua coleção.

Unidade

4

Sistemas de medida

Simone Ziasch/Arquivo da editora

O QUE VOU ESTUDAR?

- Medidas de tempo
- Medidas de comprimento
- Medidas de massa
- Medidas de capacidade

12

Medidas de tempo

Veja o mostrador de um relógio de ponteiros.

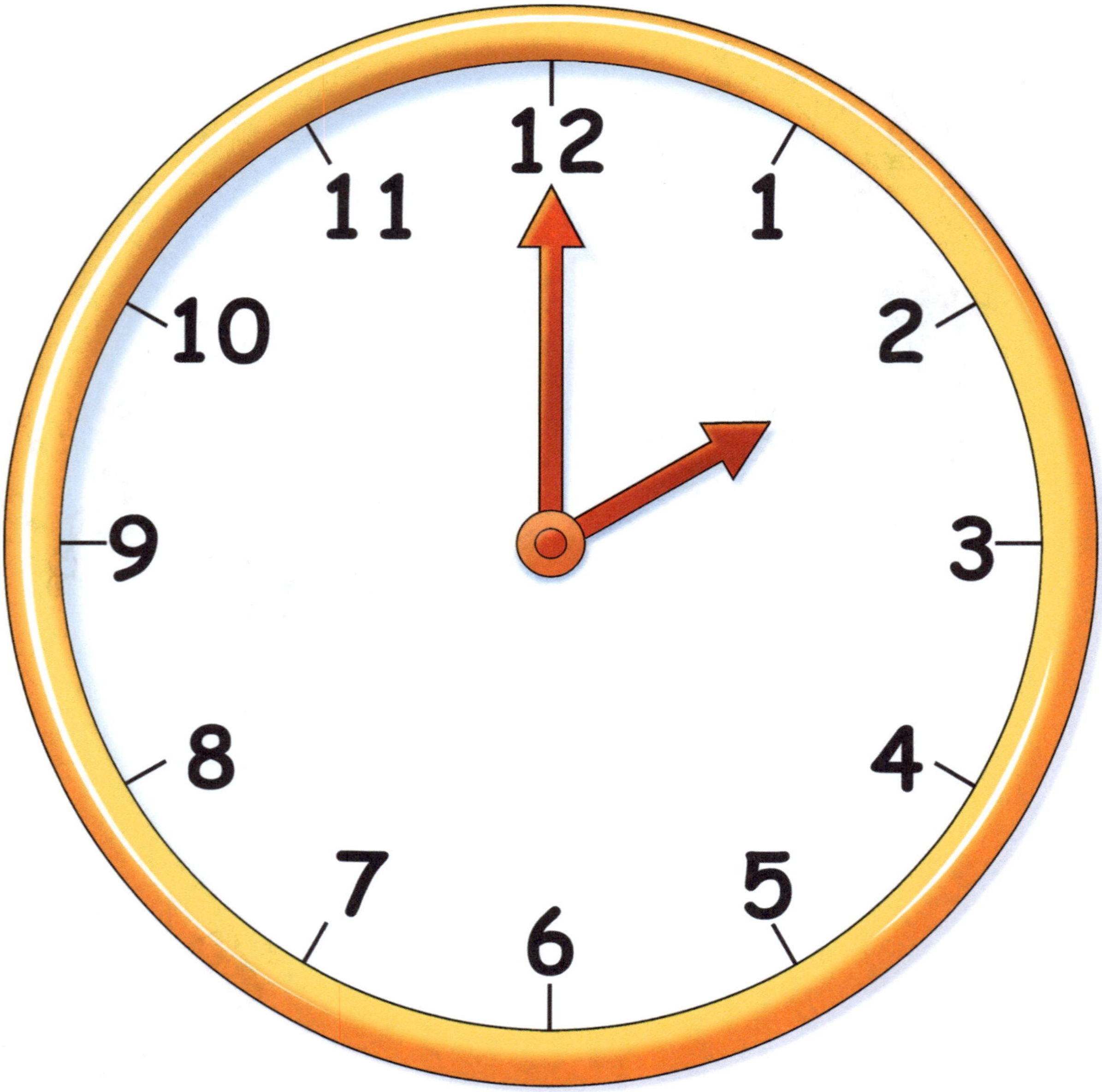

Ilustra Cartoon/Arquivo da editora

O relógio é um instrumento utilizado para medir o tempo. O ponteiro pequeno marca as horas e o grande marca os minutos.

Quando o ponteiro dos minutos está sobre o número 12, o relógio está marcando hora inteira. O relógio a seguir está marcando 1 hora.

1 hora

Ilustrações: Avalone/Arquivo da editora

- Agora responda: que horas marca cada um dos relógios abaixo?

Dias da semana

Uma semana tem 7 (sete) dias.

Avalone/Arquivo da editora

1. Pinte de amarelo os dias em que você vai à escola e de verde os dias em que não há aula.

domingo	segunda-feira

terça-feira	quarta-feira	quinta-feira

sexta-feira	sábado

2. Você sabe que dia da semana é hoje? Procure nos quadrinhos da atividade acima e escreva.

3. As horas e os dias da semana são medidas de tempo. Faça o desenho de objetos que você usa em casa para medir o tempo.

4. Observe no gráfico o tempo de gestação de alguns animais:

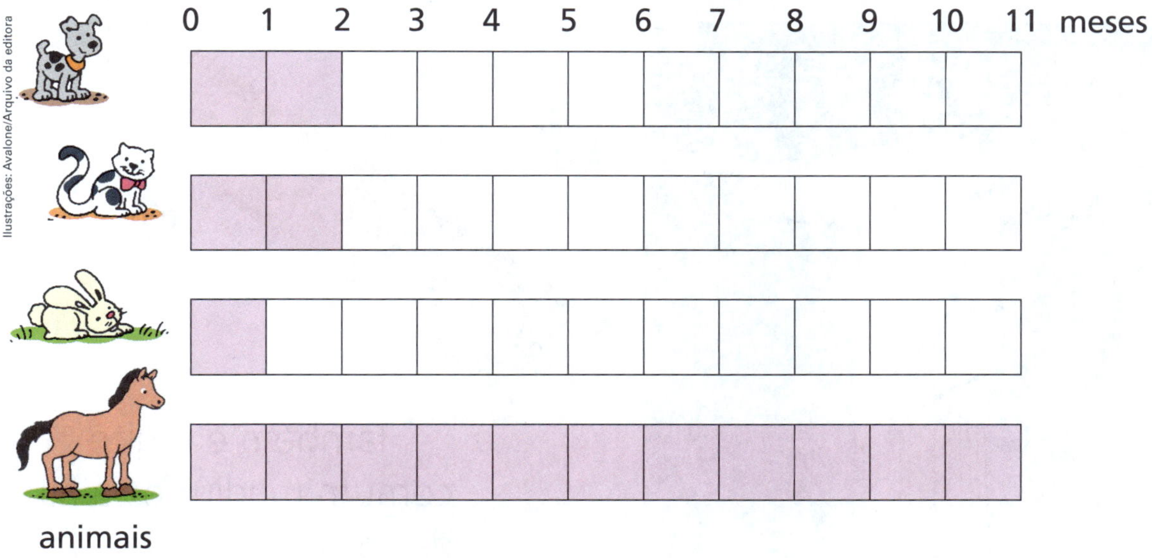

Ilustrações: Avalone/Arquivo da editora

- Agora, responda:

a) Qual deles tem o maior tempo de gestação? ______________

b) Qual deles tem o menor tempo de gestação? ______________

13

Medidas de comprimento

O centímetro e o metro

Você já observou como, em nosso dia a dia, medimos o comprimento de muitas coisas? Para isso usamos o metro (m) e o centímetro (cm).

Diferentes instrumentos podem ser usados para medir o comprimento dos objetos.

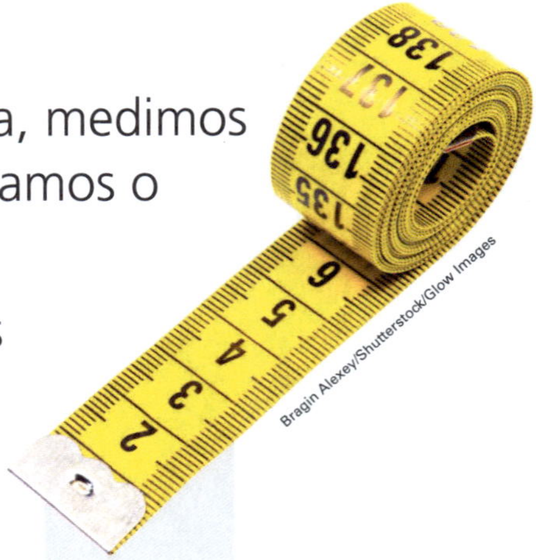

Bragin Alexey/Shutterstock/Glow Images

fita métrica

Ragnarock/Shutterstock/Glow Images

trena

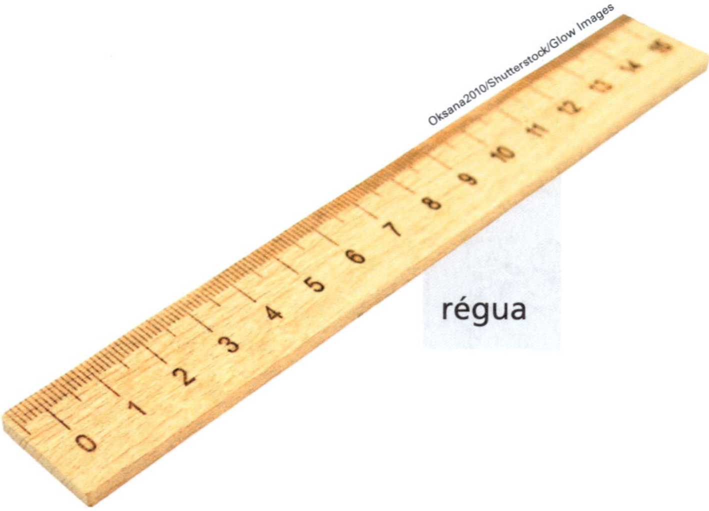

Oksana2010/Shutterstock/Glow Images

régua

Também é muito comum medirmos a altura das pessoas ou dos objetos.

Ostill/Shutterstock/Glow Images

Cristo Redentor

1. Veja na régua quanto mede o lápis abaixo e complete.
O centímetro é usado para medir pequenos comprimentos.
Quantos centímetros mede o lápis?

Avalone/Arquivo da editora

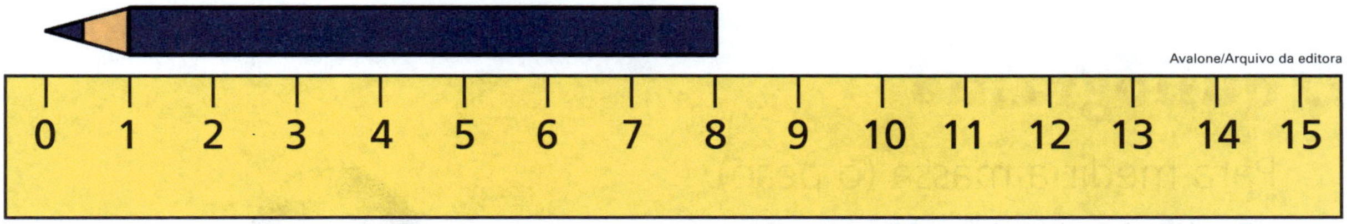

O lápis mede _____ centímetros.

2. Veja os percursos que os bichinhos estão fazendo e complete.

A joaninha está caminhando da pedra até o pedacinho de pau.

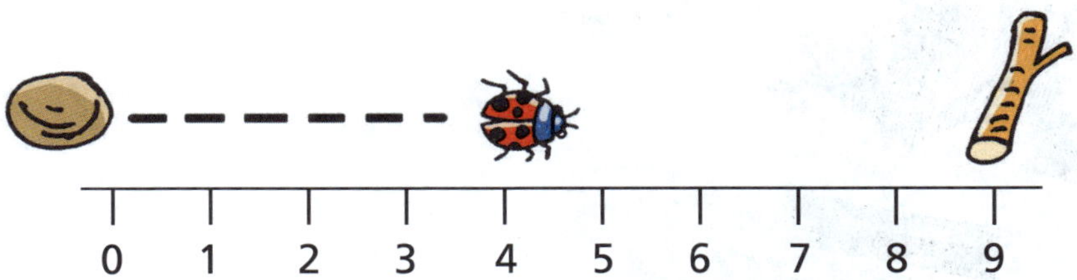

Ilustrações: Avalone/Arquivo da editora

Percurso de _____ centímetros.

A formiga está indo do formigueiro até a folha.

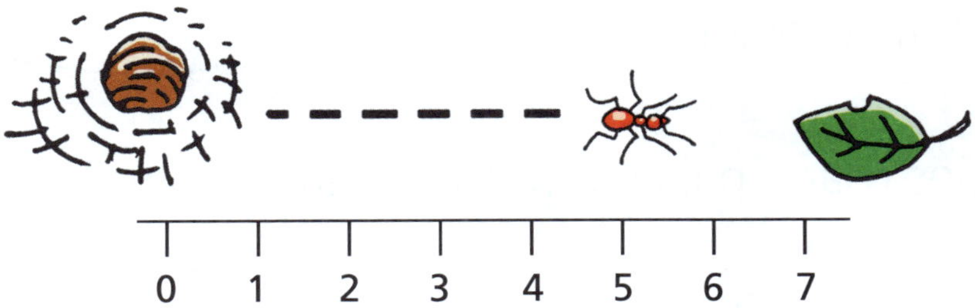

Percurso de _____ centímetros.

Quem fez o percurso mais curto?

☐ joaninha    ☐ formiga 

A joaninha percorreu _____ centímetros a mais do que a formiga.

14

Medidas de massa

O quilograma

Para medir a massa (o peso) de um corpo ou objeto, usamos a balança.

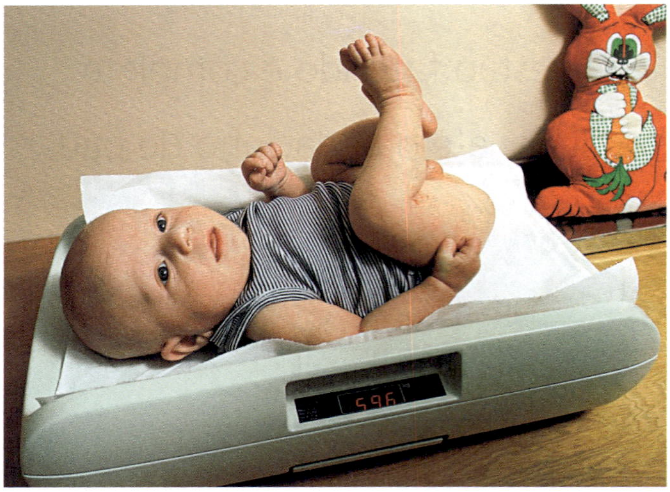

Owen Franken/Corbis/Latinstock

Cameron/Corbis/StockPhotos

Usamos o quilograma (**kg**) para medir a quantidade de massa de pessoas, animais, objetos ou substâncias.

Costumamos usar a palavra **quilo** no lugar de **quilograma**.

1 quilo de

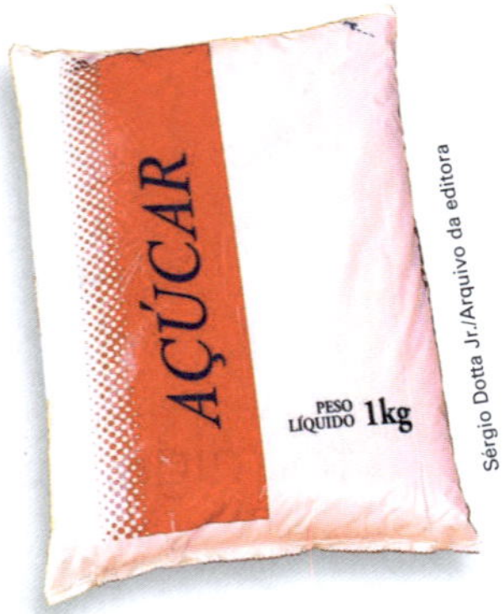

Sérgio Dotta Jr./Arquivo da editora

5 quilos de

Sérgio Dotta Jr./Arquivo do fotógrafo

1. Imagine o peso real dos animais e dos objetos representados abaixo. Marque com um X quais você conseguiria carregar.

☐

☐

☐

☐

☐

☐

Ilustrações: Avalone/Arquivo da editora

- Converse com os colegas e o professor. Qual desses itens é o mais pesado? E o mais leve?

2. Observe os produtos abaixo.

Sérgio Dotta Jr./Arquivo do fotógrafo

5 quilos

Sérgio Dotta Jr./Arquivo da editora

1 quilo

Karam Miri/Shutterstock/Glow Images

2 quilos

- O pacote mais leve é o de ______________ e o mais pesado é o de ______________.

15

Medidas de capacidade

O litro

Para medir a quantidade de líquido de um recipiente usamos uma unidade de medida chamada litro.

O que podemos medir em litros? Marque com um X.

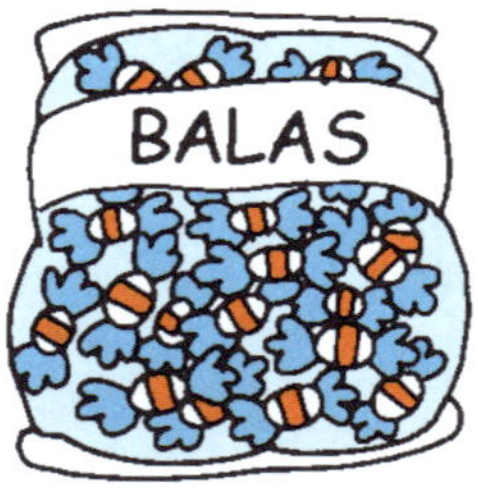

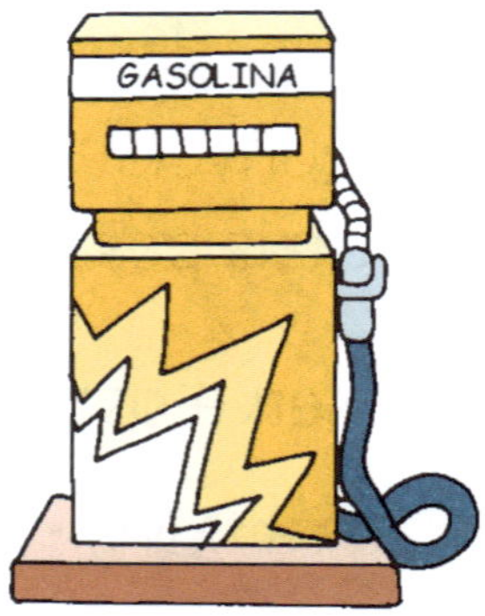

Ilustrações: Avalone/Arquivo da editora

1. Para fazer 1 litro de suco, Renata usa 8 laranjas. Faça grupos de 8 laranjas e depois responda:

Schankz/Shutterstock

- Quantos litros de suco Renata poderá fazer com essas laranjas?

____

2. Dona Magali preparou estas quantidades de suco:

suco de laranja
3 litros

suco de melancia
1 litro

suco de uva
2 litros

Ilustrações: Avalone/Arquivo da editora

Complete:

a) Dona Magali preparou ao todo ______ litros de suco.

b) A maior quantidade foi de suco de ____________________.

c) O suco em menor quantidade foi o de ____________________.

De olho na resolução de problemas

1. Joana gosta muito de suco de laranja. Observe quantos litros cabem em cada embalagem.

2 litros

1 litro

8 litros

5 litros

a) Joana vai comprar a embalagem em que cabem mais litros. Contorne-a.

b) Marque com X a embalagem em que cabem menos litros.

2. Daniela está pesando as frutas na balança.

- Marque com X a resposta correta.

☐ As maçãs são mais pesadas do que as peras.

☐ As maçãs são mais leves do que as peras.

☐ As maçãs e as peras têm o mesmo peso.

3. Só pode brincar na roda-gigante a criança mais alta.

Paula

Joana

Ari

Ilustrações: Ilustra Cartoon/Arquivo da editora

- Qual das crianças pode brincar na roda-gigante? ______________

Livros

1, 2, 3: era uma vez...,
de Ingrid B. Bellinghausen. São Paulo: DCL.

Era uma vez dois palhaços que tinham três bolas. Certo dia, elas foram bicadas por quatro passarinhos que estavam perto de cinco girassóis... Onde será que essa conta vai parar?

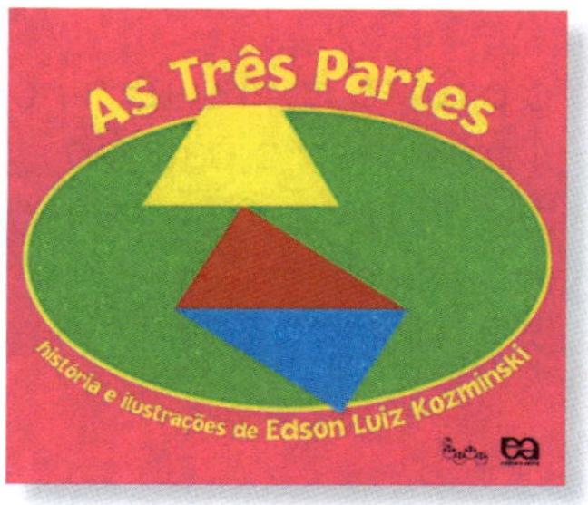

As três partes,
de Edson Luiz Kozminski. São Paulo: Ática. (Lagarta Pintada).

As três partes estavam cansadas de serem usadas para formar o mesmo desenho: uma casinha. Então, resolvem se transformar em vários objetos. Nesse livro você descobrirá que com apenas três formas pode desenhar muitos objetos.

Era uma vez um menino travesso...,
de Bia Villela. São Paulo: Escala Educacional.

A partir da história de um garoto que tem muitos amigos, gosta de animais de estimação e toca violino, você vai explorar a noção de quantidade. Além da noção de conjuntos ligada à de quantidade, você vai conhecer algumas representações de um mesmo número.

Eram 3,
de Guto Lins. São Paulo: Globo.

Você vai se surpreender com o sumiço de Contaum, Contadois e Contaoutravez, do grupo dos círculos; de Donilvo, Denilvo e Denovo, do grupo dos triângulos; e com a desaparição de Início, Meio e Fim, do grupo dos quadrados. Para onde foram todos eles?

Números dos pingos,
de Mary França e Eliardo França. São Paulo: Ática. (Álbuns dos Pingos).

Os personagens deste livro são sete pingos nascidos de uma gota de tinta. Em companhia deles, você vai descobrir que contar pode ser uma divertida aventura.

O pirulito do pato,
de Nílson José Machado. São Paulo: Scipione. (Histórias de Contar).

Mamãe pata já havia dividido o pirulito com seus filhotes Lino e Dino, quando chega a vizinha com o patinho Xato. Mais um para compartilhar do doce. Que tal ler este livro para ajudá-la a resolver a situação?

Pequeno Azul e Pequeno Amarelo,
de Leo Lionni. São Paulo: Berlendis & Vertecchia.

Era uma vez dois amigos: Pequeno Azul e Pequeno Amarelo. Um dia, eles saíram para passear e acabaram se transformando em uma terceira cor. Mas o que acontecerá quando eles voltarem para casa?

Vovô e o gênio,
de Bebete Alvim. São Paulo: Scipione. (Dó-Ré-Mi-Fá).

Vovô vai ao mercado e compra uma garrafa de licor de amora, mas ninguém esperava que dentro da garrafa houvesse um gênio.

História

SUMÁRIO

Unidade 1

Cada um é como é

Simone Ziasch/Arquivo da editora

O QUE VOU ESTUDAR?

- Os nomes e os sobrenomes
- As diferenças de cada um
- As preferências de cada um
- A personalidade de cada um

1

Você tem nome e sobrenome

Quando você nasceu, sua família escolheu um nome para você.

Esse nome é muito importante. Ele vai acompanhar você por toda a sua vida.

Escreva seu nome no quadro abaixo.

Ilustrações: Ilustra Cartoon/Arquivo da editora

Você sabe quem escolheu seu nome? Por que esse nome foi escolhido? Pergunte a seus familiares e conte aos colegas.

Além do nome, você também tem um sobrenome. Escreva abaixo seu nome seguido do sobrenome.

Assim como o primeiro nome, o sobrenome é uma forma de identificação. O seu sobrenome também é usado por outras pessoas da sua família, não é mesmo?

O que aconteceria se você não tivesse sobrenome? Converse sobre isso com seus colegas.

Pergunte aos seus familiares quando você nasceu e complete:

DIA ____________________

MÊS ____________________

ANO ____________________

Cole uma foto de quando você era bebê.

Nesta foto eu tinha

________ meses.

Cole uma foto sua atual.

Nesta foto eu estou

com ________ anos.

- Agora, observe as duas fotos. O que mudou em você? Converse com os colegas a respeito de suas mudanças.

2

Respeitando as diferenças

Você e os outros

Você já reparou como as pessoas são diferentes umas das outras?

Leia com o professor o texto a seguir, que fala sobre diversidade.

CABELO CRESPO
CABELO LISO
DENTE DE LEITE
DENTE DE SISO

UM É MENINO
OUTRO É MENINA
(PODE SER GRANDE
OU PEQUENINA)

UM É BEM JOVEM
OUTRO, DE IDADE
NADA É DEFEITO
NEM QUALIDADE

TUDO É HUMANO,
BEM DIFERENTE
ASSIM, ASSADO
TODOS SÃO GENTE

CADA UM NA SUA
E NÃO FAZ MAL
DI-VER-SI-DA-DE
É QUE É LEGAL!

VAMOS, VENHAMOS
ISTO É UM FATO:
TUDO IGUALZINHO
AI, COMO É CHATO!

Diversidade, de Tatiana Belinky.
São Paulo: Quinteto Editorial, 1999. (Camaleão.)

Ilustra Cartoon/Arquivo da editora

1. Você é igual a outra pessoa? Seus olhos, seu cabelo, seu rosto, seu jeito de ser são iguais aos de alguém? Ou são parecidos com os de alguma das crianças das fotos abaixo? Converse com seus colegas a respeito das respostas.

Studio 1One/Shutterstock/Glow Images

Gelpi/Shutterstock/Glow Images

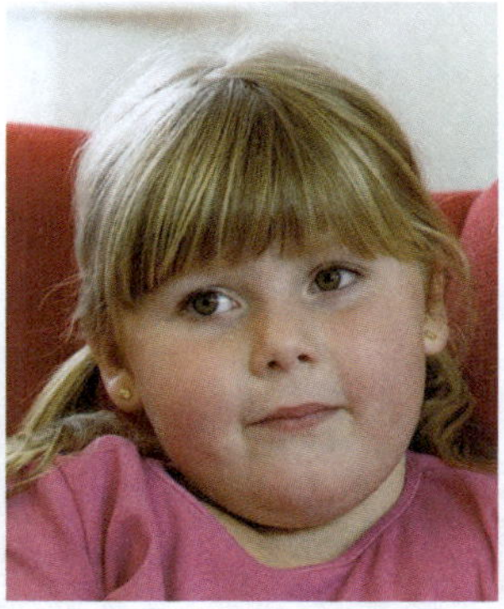
Pixtal/Glow Images

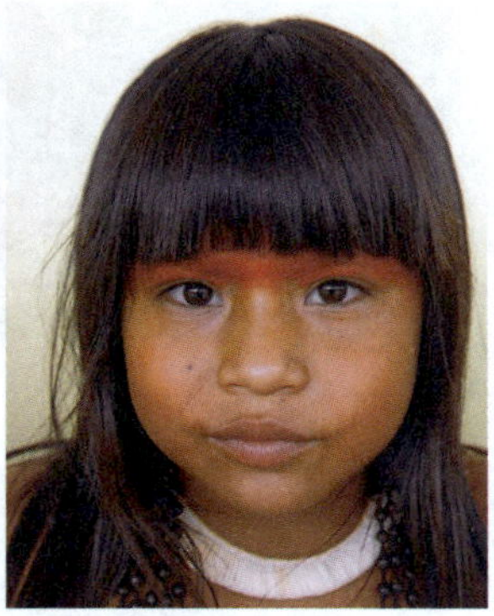
Picture Contact BV/Keystone

a) Essas crianças são todas:

☐ meninos. ☐ meninas.

b) E você, é um menino ou uma menina?

____

2. Complete as frases abaixo. Depois, faça um desenho mostrando como você é.

Meu nome é ____________________.

Tenho ________ anos.

A cor da minha pele é ____________.

A cor dos meus olhos é ____________.

A cor do meu cabelo é ____________.

As preferências de cada um

Carlos e Pedro são gêmeos. Fisicamente são muito parecidos, mas eles têm gostos diferentes. Veja:

Cada um é como é. Cada um tem suas preferências!

Veja o que estas crianças gostam de fazer:

Ilustrações: Ilustra Cartoon/Arquivo da editora

E você, o que gosta de fazer? Conte aos seus colegas.

O que você pensa e sente

O que pensamos e sentimos faz parte do nosso jeito de ser.

Há milhões de crianças no mundo, mas nenhuma delas é exatamente igual a você. Cada uma delas pensa de uma forma e tem os próprios sentimentos.

Por isso podemos dizer que somos diferentes uns dos outros.

1. Com seus colegas e o professor, forme uma roda. Cada um vai falar um pouco sobre os próprios sentimentos. Pense nas seguintes perguntas:

a) Qual é a coisa que você mais gosta de fazer? Por quê?

b) O que já fez você chorar?

c) Você tem medo de escuro? E de bichos? De qual(is)? O que lhe dá mais medo?

d) Você se parece com algum(ns) de seus colegas? Com qual(is) dele(s)? Por quê?

2. Marque um **X** nos quadrinhos que correspondem ao seu jeito de ser.

- [ ] brincalhão
- [ ] amigo
- [ ] bagunceiro
- [ ] educado
- [ ] teimoso
- [ ] inteligente
- [ ] tímido
- [ ] nervoso
- [ ] chorão
- [ ] alegre
- [ ] gentil
- [ ] medroso
- [ ] carinhoso
- [ ] triste
- [ ] agitado
- [ ] calmo

De olho na História

As diferenças

Quando observamos as pessoas ao nosso redor, percebemos que somos todos diferentes, na aparência e no modo de viver. Porém, apesar das diferenças, somos todos seres humanos e devemos nos respeitar.

Ouça o poema que o professor vai ler.

CRIANÇAS LINDAS!

SÃO DUAS CRIANÇAS LINDAS,
MAS SÃO MUITO DIFERENTES!
UMA É TODA DESDENTADA,
A OUTRA É CHEIA DE DENTES.
UMA ANDA DESCABELADA,
A OUTRA É CHEIA DE PENTES!
UMA DELAS USA ÓCULOS,
E A OUTRA SÓ USA LENTES.
UMA GOSTA DE GELADOS,
A OUTRA GOSTA DE QUENTES.
UMA TEM CABELOS LONGOS,
A OUTRA SÓ CORTA RENTES.
NÃO QUEIRAS QUE SEJAM IGUAIS,
ALIÁS, NEM MESMO TENTES!
SÃO DUAS CRIANÇAS LINDAS,
MAS SÃO MUITO DIFERENTES!

Ilustra Cartoon/Arquivo da editora

Toda criança do mundo mora no meu coração, de Ruth Rocha. São Paulo: Ática, 2007.

- Agora, escolha um colega da classe. Desenhe-o em uma folha à parte e escreva o nome dele.

Unidade

2

A família

one Ziasch/Arquivo da editora

O QUE VOU ESTUDAR?

- Os diferentes tipos de família
- A minha família
- Os parentes

3

Você e sua família

Observando as fotos abaixo, você acha que estas famílias são iguais ou diferentes umas das outras? Por quê?

Monkey Business Images/Shutterstock/Glow Images

Rob Marmion/Shutterstock/Glow Images

Monkey Business Images/Shutterstock/Glow Images

mast3r/Shutterstock/Glow Images

E sua família, como é?

As famílias que você conhece são iguais ou diferentes das famílias apresentadas nas fotos?

1. Desenhe as pessoas com quem você mora e escreva abaixo de cada uma delas quem são.

2. Agora, desenhe uma pessoa de sua família que não mora com você e escreva quem ela é.

4

Cada família é de um jeito

As famílias podem ser de vários tipos. Observe:

Ilustrações: Ilustra Cartoon/ Arquivo da editora

Sua família se parece com alguma dessas? Conte aos colegas.

- Responda às perguntas a seguir sobre sua família.

Ilustrações: Ilustra Cartoon/Arquivo da editora

a) Quantos adultos moram com você? ☐

Quem são eles?

____

____

____

b) E quantas crianças? ☐

Escreva o nome e a idade de cada uma delas.

____

____

____

c) Em sua casa, quantas pessoas vão à escola? ☐

d) E quantas não vão à escola? ☐

e) Quantas pessoas trabalham? ☐

Escreva o nome de cada uma delas e explique quem são.

____

____

____

f) Quem cuidou de você quando você era bebê?

____

g) E atualmente, quem é a pessoa que cuida de você?

____

5

Os parentes

Além dos pais, mães e irmãos, também fazem parte de uma família outros parentes, como os avós, bisavós, tios e primos, que podem morar conosco na mesma casa ou em outras moradias.

Hoje é o aniversário da Lara. Ela convidou alguns amigos e parentes para sua festa. Veja as cenas a seguir.

Ilustra Cartoon/Arquivo da editora

- O que Rodrigo e Fabiana são de Lara? Marque a resposta com um **X**.

☐ irmãos ☐ primos ☐ tios

Como você viu no capítulo 1, os membros de uma família muitas vezes têm um nome em comum, que é conhecido como **sobrenome**. O sobrenome pode indicar a família à qual pertencemos.

- Veja a família à qual Lucas pertence.

Ilustra Cartoon/Arquivo da editora

a) Agora, escreva o sobrenome da família à qual você pertence.

____

b) Você tem primos ou primas? Escreva o sobrenome de dois deles.

____

____

c) Você tem o mesmo sobrenome de seus primos? Por quê? Converse sobre isso com seus colegas.

A família

Faça um desenho para mostrar o que deixa você alegre quando está com a sua família.

- Agora, conte como são esses momentos felizes na companhia de sua família.

Unidade

3

A casa

Simone Ziasch/Arquivo da editora

O QUE VOU ESTUDAR?

- A casa onde moro
- Os diferentes tipos de moradia

6

Um lugar para morar

Ilustra Cartoon/Arquivo da editora

Poesias para crianças, de Evelyn Heine. Blumenau: Todolivro, 2004.

Como é a casa onde você mora? Conte aos colegas como você se sente nela.

1. Faça um desenho de sua casa em uma folha de papel sulfite.

2. Agora, responda oralmente:

a) Há quanto tempo você mora na casa representada na atividade 1?

b) Você já morou em outra(s) casa(s)? Como ela(s) era(m)?

3. Observe as imagens abaixo.

Castelo de Warwick: frente leste, 1752. Óleo s/tela, 73 cm × 122 cm. Birmingham Museums and Art Gallery.

Castelo de Warwick, óleo sobre tela de Canaletto, 1752.

A fazenda, óleo sobre tela de Joan Miró, 1922.

A fazenda, 1921-22. Óleo s/tela, National Gallery of Art, Washington D.C. – Doação de Mary Hemingway.

- Converse com o professor e os colegas de classe sobre as duas imagens e, depois, responda oralmente:

  a) O que você observa no quadro **1**?

  b) E o que você observa no quadro **2**?

  c) Quem você acha que mora no castelo? E na fazenda?

  d) Se você pudesse escolher, onde moraria: no castelo ou na fazenda? Por quê?

Casa para todos

Todas as pessoas têm direito a uma casa, isto é, a uma moradia digna, com espaço suficiente, água encanada, luz elétrica e rede de esgoto, onde possam se proteger do frio, da chuva e do sol.

As casas podem ser de vários tipos. Veja alguns exemplos:

Ernesto Reghran/Pulsar Imagens

Edifícios residenciais em Londrina (PR), 2014.

Inês Calixto/Pulsar Imagens

Casa de sapê em Tracuateua (PA), 2011.

Ale Ruaro/Pulsar Imagens

Casa térrea em Planalto (RS), 2014.

João Prudente/Pulsar Imagens

Palafitas em Bragança (PA), 2013.

Nem todos, porém, possuem uma casa para morar.

Você sabe por que isso acontece? Converse sobre esse assunto com os colegas de classe.

Leia com o professor o depoimento de um idoso, dado especialmente para este livro, sobre as recordações da casa em que ele morou quando era jovem.

A CASA ONDE PASSEI MINHA JUVENTUDE ERA GRANDE, COM UM IMENSO QUINTAL NA FRENTE.

TODAS AS MANHÃS EU ACORDAVA COM O CANTO DOS PÁSSAROS QUE POUSAVAM NOS GALHOS DAS ÁRVORES E EM OUTRAS PLANTAS ESPALHADAS PELO QUINTAL.

HOJE, PASSADOS TANTOS ANOS, AINDA TENHO VIVA, EM MINHAS LEMBRANÇAS, A IMAGEM DAQUELA CASA, E NÃO CONSIGO ME ACOSTUMAR COM AS QUATRO PAREDES NO ALTO DO EDIFÍCIO EM QUE MORO, DE ONDE AVISTO, DA JANELA, NÃO MAIS ÁRVORES E PÁSSAROS, MAS SOMENTE UM VAIVÉM DE MINÚSCULOS AUTOMÓVEIS NUMA CORRIDA DESENFREADA. ENTÃO, ME PERGUNTO: O QUE FOI FEITO DOS QUINTAIS DAS CASAS DE MINHA JUVENTUDE?

- Tente imaginar como era a casa descrita acima para desenhá-la no espaço a seguir.

De olho na História

A nossa casa

O planeta Terra é o lugar onde moramos. Portanto, para que possamos viver bem, precisamos cuidar dele como cuidamos da nossa casa. Você acha que nosso planeta está sendo bem cuidado?

- Pesquise em jornais e revistas imagens que mostrem atitudes positivas e negativas em relação ao meio ambiente. Depois, recorte as imagens, cole-as nos quadros abaixo e converse com os colegas.

Atitudes positivas

Atitudes negativas

Unidade

4

A escola

Simone Ziasch/Arquivo da editora

O QUE VOU ESTUDAR?

- A escola
- As pessoas que trabalham na escola
- Os colegas de classe

7

Um lugar para aprender

Todas as crianças têm direito de frequentar a escola.

Na escola, elas estudam, brincam, praticam esportes e convivem com os colegas, os professores e outras pessoas que lá trabalham.

Ilustrações: Ilustra Cartoon/Arquivo da editora

1. Você sabia que toda escola tem um nome? Converse sobre isso com o professor e os colegas de classe e complete as frases a seguir.

a) O nome da minha escola é ______________________________

____.

b) Minha escola recebeu esse nome por causa ______________

____.

2. Converse com seus colegas de classe a respeito da escola onde vocês estudam. Conte a eles:

a) alguma coisa da escola que agrada muito a você;

b) alguma coisa que você acha que falta na escola.

3. Faça uma lista para indicar como é sua escola: grande ou pequena; nova ou antiga; arrumada ou desorganizada; térrea ou com mais de um andar; escreva se tem biblioteca, cantina, quadras de esportes. Tente registrar em sua lista tudo o que você sabe a respeito dela.

ESCOLA

____

____

____

____

____

____

____

8

As pessoas que convivem com você na escola

Quem trabalha na escola

Você estuda e convive com muitas pessoas na escola. Além dos colegas de classe e do professor, há os outros professores, o diretor e os funcionários que trabalham no ambiente escolar.

Com tanta gente na escola, você pode ampliar seu círculo de amigos e conhecer várias pessoas.

Observe as cenas abaixo. Você sabe o que cada profissional faz na escola? Conte aos colegas.

Ilustra Cartoon/Arquivo da editora

1. Faça um passeio por sua escola com o professor e os colegas de classe para conhecer as pessoas que trabalham nesse local. Quando você terminar o passeio e já souber quem é quem em sua escola, escreva no caderno o nome de cada funcionário e a função que desempenha no ambiente escolar.

2. Leia o texto com o professor e converse sobre ele com os colegas.

TAMBÉM NA ESCOLA, A MANEIRA DE FALAR E DIRIGIR-SE AOS PROFESSORES E COLEGAS PODE AJUDAR A TORNAR O AMBIENTE MAIS AGRADÁVEL. GRITAR OU FALAR MUITO ALTO PROVOCA IRRITAÇÃO E FAZ OS OUTROS SE SENTIREM DESRESPEITADOS.

É PRECISO ENCONTRAR MANEIRAS DE CONVIVER COM OS AMIGOS, OS PROFESSORES E AS OUTRAS PESSOAS DE MODO QUE TODOS SE SINTAM BEM E RESPEITADOS. COMO É NA SUA ESCOLA?

Ilustrações: Ilustra Cartoon/Arquivo da editora

"Com licença?": aprendendo sobre convivência, de Brian Moses e Mike Gordon. Tradução e adaptação de Neide Nogueira. São Paulo: Scipione, 1999.

Os colegas de classe

Acompanhe com o professor a leitura dos versos a seguir.

COISA BOA

AMIZADE É COISA BOA,
MAS QUE, ÀS VEZES, ESTREMECE.
UM AMIGO BOM PERDOA!
UM SORRISO E ELE ESQUECE.

TODO MUNDO TEM DEFEITO.
SEU AMIGO TAMBÉM TEM.
MAS PRA TUDO DÁ-SE UM JEITO
NA AMIZADE NOTA CEM.

Poesias para crianças, de Evelyn Heine.
Blumenau: Todolivro, 2004.

Ilustrações: Ilustra Cartoon/Arquivo da editora

A quem de sua classe você daria o título "Amigo Nota Cem"? Escreva o nome dele na placa.

A você, ________________ , concedo o título "Amigo Nota Cem".

1. Roberto realiza muitas atividades com os colegas de classe. Observe estas cenas e diga o que eles fazem juntos.

Ilustrações: Ilustra Cartoon/Arquivo da editora

2. Que tal conhecer melhor um de seus colegas de classe? Faça a ele as seguintes perguntas:

a) Qual é sua comida preferida? ________________

b) Qual é sua brincadeira favorita? ________________

c) Qual é seu animal favorito? ________________

d) De que artista você mais gosta? ________________

e) Qual é seu lugar preferido para passar o fim de semana?

____

- Depois, deixe que seu colega faça a você as mesmas perguntas. Percebam juntos quais são as semelhanças e as diferenças entre vocês.

De olho na História

Os direitos

Leia com o professor um texto a respeito das crianças com algum tipo de deficiência e como a escola deve estar preparada para receber essas crianças.

DIREITOS IGUAIS

Mauricio de Sousa Produções Ltda.

O BRASIL TEM QUASE 3 MILHÕES DE CRIANÇAS E ADOLESCENTES COM DEFICIÊNCIA. DE ACORDO COM O ESTATUTO DA CRIANÇA E DO ADOLESCENTE, AS CRIANÇAS COM DEFICIÊNCIA DEVEM SER TRATADAS COM A MESMA ATENÇÃO E O MESMO CARINHO QUE AS QUE NÃO TÊM. E, PELAS LEIS BRASILEIRAS, ELAS TÊM O DIREITO DE ESTUDAR EM ESCOLAS COMUNS, ONDE ESTUDAM CRIANÇAS SEM DEFICIÊNCIA.

COMO DORINHA, QUE NÃO ENXERGA, PERSONAGEM DA TURMA DA MÔNICA, AS CRIANÇAS COM DEFICIÊNCIA TÊM CAPACIDADE DE APRENDER E BRINCAR COMO AS OUTRAS.

PARA UMA CRIANÇA COM DEFICIÊNCIA ESTUDAR, A ESCOLA DEVE TER RAMPAS (OU ELEVADORES) PARA QUEM ANDA DE CADEIRA DE RODAS, PROFESSORES QUE SAIBAM ENSINAR PARA CEGOS E SURDOS E SALAS EQUIPADAS COM RECURSOS QUE PERMITAM QUE ELA APRENDA TANTO QUANTO AS CRIANÇAS QUE NÃO TÊM DEFICIÊNCIA.

Adaptado de: <www.unicefkids.org.br>. Acesso em: 17 mar. 2014.

- A escola onde você estuda possui recursos para que crianças com deficiência possam estudar? O que você acha que falta na escola para acolher essas crianças? Converse com seus colegas e o professor.

Livros

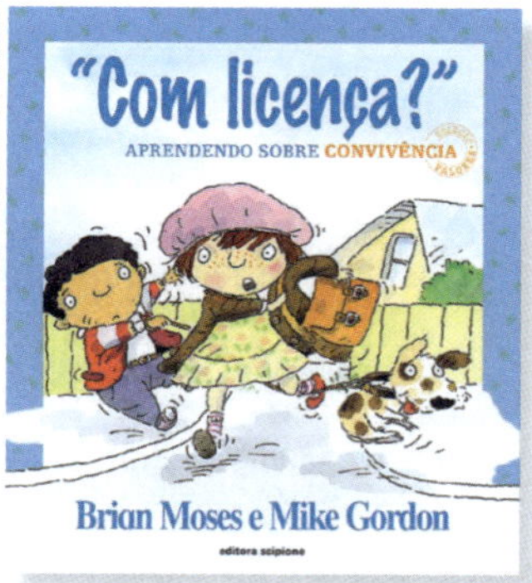

Reprodução/Editora Scipione

"Com licença?": aprendendo sobre convivência,
de Brian Moses e Mike Gordon. São Paulo: Scipione.

Respeito, honestidade e gentileza são qualidades que devem ser cultivadas desde cedo. Quem trata os outros com cortesia é admirado pelas pessoas. Neste livro, você verá situações que mostram a importância de uma boa convivência.

Reprodução/Editora Cosac Naify

Meu vizinho é um cão,
de Isabel Minhós Martins e Madalena Matoso. São Paulo: Cosac Naify.

A obra trata das relações de vizinhança, expectativas e preconceitos, territórios e identidades. Uma menina que morava em um prédio onde "quase nada acontecia" tem sua vida transformada quando começam a chegar novos moradores aparentemente esquisitos.

Reprodução/ Editora Scipione

A história de cada um,
de Juciara Rodrigues. São Paulo: Scipione.

Zé, Pedro, Guto, Mariana e Júlia estudam juntos. Um dia, a professora pede uma lição de casa diferente: os alunos devem levar uma foto da família. No começo, as crianças ficam um pouco confusas, mas logo descobrem coisas muito interessantes sobre a história de cada um.

Reprodução/ Editora Globo

Filho,
de Guto Lins. São Paulo: Globo.

O que é ser filho? Nem todo mundo é pai ou mãe, mas todo mundo é filho. Caçula, do meio, primogênito, afilhado, primo ou neto. Seja qual for o caso, todo filho é único! Neste livro, o escritor conta com bom humor e sensibilidade como é ser filho e se relacionar com o pai, a mãe, os irmãos e toda a família.

Reprodução/Editora Scipione

Vovó Luci: no tempo dos nossos avós,
de Claude Clément. São Paulo: Scipione.

A avó de Pedro era muito diferente das outras: usava o computador e sabia lutar caratê, mas também gostava de contar histórias. Que tal ler este livro para descobrir como eram as coisas na época em que os avós eram crianças?

Reprodução/Editora Scipione

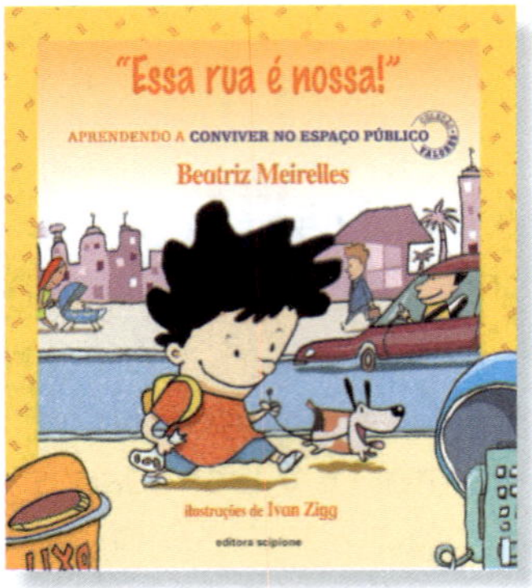

"Essa rua é nossa!". Aprendendo a conviver no espaço público,
de Beatriz Meirelles. São Paulo: Scipione.

Este livro trata da cidadania, incentiva a reflexão sobre comportamento no espaço público e estimula a melhorar nossa vida em sociedade.

Sites

Reprodução/<www2.uol.com.br/ruthrocha/home.htm>

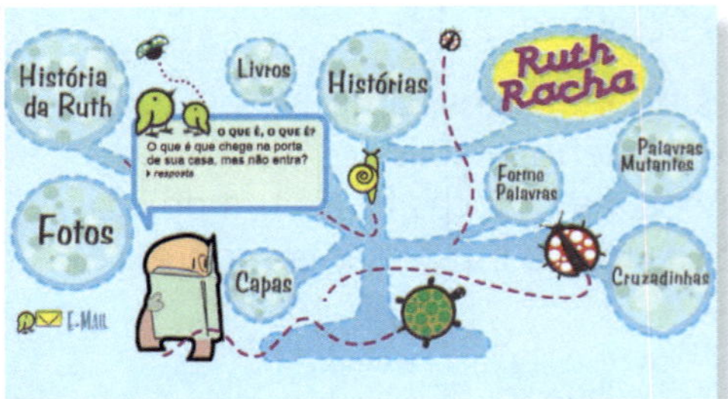

Ruth Rocha

<www2.uol.com.br/ruthrocha/home.htm>

Todo mundo tem um nome e uma história. Com a grande escritora de livros infantis Ruth Rocha não poderia ser diferente. Neste *site*, além de descobrir a história da autora, você também encontra fotografias, jogos e historinhas para ler e se divertir.

Reprodução/<www.canalkids.com.br>

Canal Kids

<www.canalkids.com.br>

Este *site* disponibiliza inúmeros jogos e animações destinados às crianças. Nele é possível encontrar informações sobre esportes, animais, artes, brincadeiras e muitas outras coisas interessantes e divertidas.

Geografia

SUMÁRIO

Unidade

1

A casa

Simone Ziasch/Arquivo da editora

O QUE VOU ESTUDAR?

- Os diferentes tipos de casa
- Os cômodos de uma casa

1

Os tipos de casa

Observe a casa de Joana. Ela vive com sua família e com seus animais de estimação.

Ilustra Cartoon/Arquivo da editora

As pessoas vivem em moradias diferentes.

Essas diferenças ocorrem de acordo com o lugar onde as habitações são construídas e com as preferências e condições de vida das pessoas que nelas vivem.

Como é a casa onde você mora? Você gosta dela? Conte aos colegas.

Observe as fotos a seguir.

João Prudente/Pulsar Imagens

Tracuateua (PA), 2013. No campo, também conhecido como área rural, as moradias geralmente são térreas.

Maurício Simonetti/Arquivo da editora

Botucatu (SP), 2010. Na cidade, também conhecida como área urbana, há muitas casas e prédios residenciais.

Edson Grandisoli/Arquivo da editora

Manaus (AM), 2012. Casas conhecidas como palafitas, construídas sobre estacas de madeira.

- Agora, converse com os colegas sobre as seguintes questões:

  a) Que diferenças você observa entre as moradias das fotos?

  b) Há semelhanças entre as moradias? Quais?

  c) Em qual das fotos há maior número de habitações?

  d) Você conhece ou já viu algum lugar diferente dos apresentados nas fotos? Como são as moradias desse lugar?

2

Os cômodos de uma casa

A casa de Joana tem dois quartos, um banheiro, uma sala e uma cozinha. Tem também um quintal, onde ficam Tita, sua gata, e Totó, seu cachorro.

Cada lugar da casa chama-se cômodo e é usado para uma atividade diferente. Na sala, por exemplo, Joana vê televisão com os pais e o irmão, brinca com os amigos, senta no sofá para descansar.

Na cozinha as pessoas preparam as refeições. Geralmente é na cozinha também que as pessoas se reúnem para tomar café da manhã, almoçar e jantar.

Ilustra Cartoon/Arquivo da editora

cômodo: nome de cada parte da casa. O quarto, a cozinha e a sala são cômodos de uma casa.

1. Observe a figura abaixo e converse com seus colegas a respeito da utilidade dos cômodos mostrados. Depois, consulte o quadro e escreva o nome de cada cômodo nos espaços correspondentes.

cozinha	quarto	banheiro	sala

Adelmo Naccari/Arquivo da editora

2. Converse com os colegas e com o professor a respeito das seguintes questões:

a) Como são os cômodos da sua casa?

b) De qual cômodo você mais gosta? Por quê?

- Conte aos colegas o que você gosta de fazer no seu cômodo favorito. Depois, escute o que eles têm a dizer.

De olho nas moradias

- Procure em revistas e jornais usados imagens de diferentes tipos de moradias no Brasil. Recorte e cole as imagens no espaço abaixo. Compartilhe seu trabalho com os colegas de classe.

Unidade

2

A escola e seus arredores

Simone Ziasch/Arquivo da editora

O QUE VOU ESTUDAR?

- A sala de aula e os objetos que há dentro dela
- O caminho de casa até a escola
- O bairro
- O município

3

A sala de aula

A escola pode ter vários ambientes, como sala de aula, pátio, biblioteca, sala dos professores e secretaria.

Na sala de aula, os alunos estudam, fazem trabalhos, trocam ideias e experiências.

Em uma sala de aula, geralmente encontramos mesas, cadeiras, carteiras, lousa, cesto de lixo e armários.

Observe a sala de aula onde Joana estuda e responda: sua sala é parecida com esta?

Ilustra Cartoon/Arquivo da editora

Saiba mais

Aprender além da sala de aula

Não é só na sala de aula que aprendemos coisas novas. A escola toda é um espaço de convivência. Conviver com os professores, os funcionários e os colegas também é muito enriquecedor.

Há várias coisas divertidas para fazer dentro e fora da sala de aula. Na biblioteca, por exemplo, é possível aprender com os livros, e no pátio é possível aprender brincando com os colegas e conversando com os funcionários da escola.

1. Faça um **X** nos objetos que há em sua sala de aula.

RTimages/Shutterstock/Glow Images

Heike Brauer/Shutterstock/Glow Images

Kai Keisuke/Shutterstock/Glow Images

Vereshchagin Dmitry/Shutterstock/Glow Images

2. Faça uma lista de outros objetos que existem em sua sala de aula e que não aparecem acima.

____

____

3. Você sabe o nome de todos os colegas de classe?
Com o auxílio do professor, escreva o nome de quem se senta:

a) à sua frente: ____________________________

b) atrás de você: ____________________________

c) à sua direita: ____________________________

d) à sua esquerda: ____________________________

4

O caminho de casa até a escola

Para ir até a escola, Joana caminha por algumas ruas. Apesar de fazer sempre o mesmo trajeto, cada dia ela percebe uma coisa diferente.

Ilustra Cartoon/Arquivo da editora

1. Converse com os colegas e com o professor e responda oralmente:

a) Sua casa fica perto ou longe da escola?

b) Como você vai à escola: a pé ou usando meios de transporte?

2. O que você costuma ver nos lugares por onde passa até chegar à escola?

5

O bairro

O bairro é formado por um conjunto de ruas, praças, avenidas e outros espaços. Ele é uma parte do município.

A professora de Joana levou a classe para fazer um passeio pelo bairro onde fica a escola. As crianças observaram tudo com bastante atenção. Veja:

Ilustra Cartoon/Arquivo da editora

1. Com o auxílio do professor, escreva o que se pede.

a) Nome da rua e do bairro onde se localiza sua escola:

____

____

____

b) Nome da rua e do bairro onde você mora:

____

____

____

2. Responda:

a) Você mora no mesmo bairro onde fica a escola em que você estuda?

☐ sim ☐ não

b) Você sempre morou no bairro em que vive atualmente?

☐ sim ☐ não

3. Escreva o nome de alguns bairros do seu município que você conhece.

____

____

____

4. Pergunte às pessoas de sua família se no bairro onde você mora existe alguma construção antiga: casa, templo, museu, entre outras. Registre as respostas no caderno e conte aos colegas o que você descobriu.

6

O município

Um município é formado pela união de vários bairros.

No município do Rio de Janeiro, por exemplo, vemos a imagem do Cristo Redentor, localizada no bairro Cosme Velho. De lá são vistos outros bairros, como Botafogo, Urca e Copacabana.

Sergio Israel/Pulsar Imagens

Rio de Janeiro (RJ), 2012.

Você nasceu no mesmo município onde mora atualmente? Pergunte aos colegas de classe onde eles nasceram.

- Nesta unidade, você aprendeu um pouco mais sobre a sala de aula, os bairros e o município.

Agora, com o auxílio do professor, escreva no caderno o endereço de sua escola. Depois, faça um desenho de sua escola e da rua onde ela está localizada.

De olho nos bairros

1. Ligue cada criança ao bairro em que ela mora.

Ilustrações: Ilustra Cartoon/Arquivo da editora

- Agora, pinte o quadro que retrata o bairro mais parecido com o seu.

o bairro do FERNANDO	o bairro da LUANA	o bairro do TADEU

Unidade

3

Os meios de transporte e os meios de comunicação

Simone Ziasch/Arquivo da editora

O QUE VOU ESTUDAR?

- Os transportes terrestres, aquáticos e aéreos
- Os sinais de trânsito
- Os meios de comunicação

7

Os meios de transporte

Os meios de transporte são utilizados para levar pessoas e mercadorias de um lugar para outro. Muitas crianças usam, por exemplo, meios de transporte para ir de casa para a escola.

Ilustra Cartoon/Arquivo da editora

- Veja alguns dos meios de transporte citados pelas crianças na página anterior e escreva os nomes deles no espaço abaixo.

Ilustrações: Adelmo Naccari/ Arquivo da editora

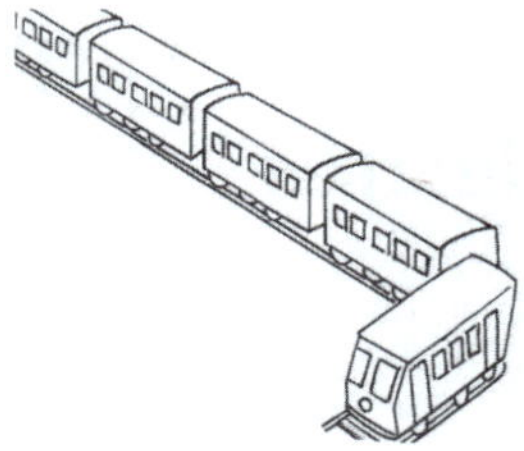

- Agora pinte as figuras conforme a legenda abaixo.

usados em terra — usados na água — usados no ar

O trânsito

Chamamos de **trânsito** o movimento de veículos e de pessoas nas ruas. Para que ele fique mais seguro e organizado, existem as leis de trânsito. Elas devem ser respeitadas e obedecidas por motoristas, pedestres e ciclistas.

Ilustra Cartoon/Arquivo da editora

ATENÇÃO, MUITA ATENÇÃO!
VEÍCULOS, PEDESTRES E
CICLISTAS,
OBEDEÇAM ÀS LEIS DE
TRÂNSITO
PARA EVITAR CONFUSÃO.

Você conhece alguma lei de trânsito? Converse com o professor e os colegas.

pedestres: as pessoas que andam a pé.

Observe o que indicam as cores dos semáforos.

Semáforo para pedestres — **PARE** → / **SIGA** →

Semáforo para veículos — **PARE** → / **ATENÇÃO** → / **SIGA** →

Para orientar motoristas e pedestres, também existem as placas de trânsito. Veja algumas delas e o que elas significam.

Velocidade máxima permitida

Travessia de pedestre

Proibido estacionar

Proibido trânsito de bicicletas

1. João e sua mãe estão na farmácia e, depois, vão à padaria, que fica do outro lado da rua. Desenhe os dois atravessando a rua corretamente na faixa e pinte a cena, atentando para a cor do semáforo.

Adelmo Naccari/Arquivo da editora

semáforo: aparelho utilizado para sinalizar ruas, avenidas e estradas.

2. Pinte os quadrinhos que indicam alguns cuidados que devemos ter como pedestres.

- [ ] Andar no meio da rua.
- [ ] Esperar que o semáforo de pedestres mostre a luz verde, olhar se os carros pararam e, então, atravessar a rua na faixa.
- [ ] Atravessar a rua quando o sinal de pedestres estiver vermelho.
- [ ] Olhar para os dois lados da rua antes de atravessá-la (sempre na faixa).
- [ ] Quando estiver a pé, andar sempre pela calçada.

3. Observe as cenas e escreva as frases abaixo nos lugares correspondentes.

Trânsito de pedestres

Trânsito de veículos

Ilustrações: Ilustra Cartoon/Arquivo da editora

____

____

8

Os meios de comunicação

Estamos acostumados a interagir com as pessoas o tempo todo. Para nos comunicar, podemos usar os meios de comunicação.

Ilustra Cartoon/Arquivo da editora

O conhecimento humano fez com que as pessoas criassem diferentes formas de transmitir informações, dar e receber notícias e até mesmo de se divertir. Por isso, hoje existem muitos meios de comunicação.

Você já imaginou como seria a nossa vida sem eles? Imagine como seria diferente se não existissem a televisão, o rádio, o jornal, a internet, a carta, o telefone. Com certeza conheceríamos menos as pessoas e o mundo a nossa volta.

Para se comunicar, as pessoas usam os gestos (como os guardas de trânsito), a fala, os sinais (como as placas de trânsito) e a escrita.

- Recorte de jornais e revistas imagens de diferentes meios de comunicação e cole nos quadros correspondentes.

a) Levam notícias e informações para muitas pessoas, de vários lugares diferentes, ao mesmo tempo.

b) Com ele podemos nos comunicar com parentes, amigos e conhecidos que estão distantes de nós.

De olho na comunicação

Como vimos nesta unidade, podemos nos comunicar com outras pessoas usando os meios de comunicação.

- Utilizando a legenda, escreva ao lado das figuras a letra correspondente aos meios de comunicação que transmitem informações por meio de:

A — palavra escrita.

B — som.

C — som, imagem e palavra escrita.

Ilustrações: Adelmo Naccari/Arquivo da editora

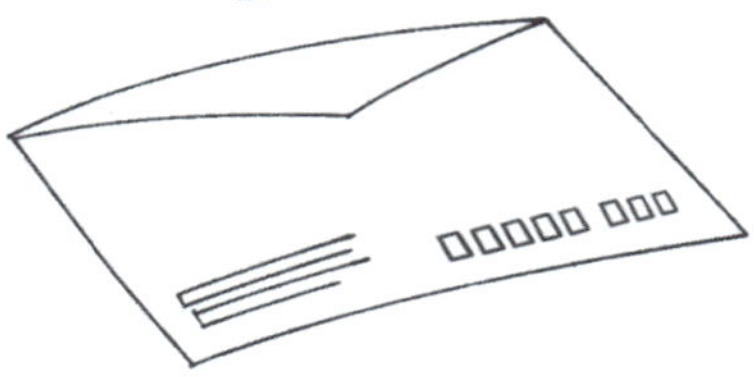

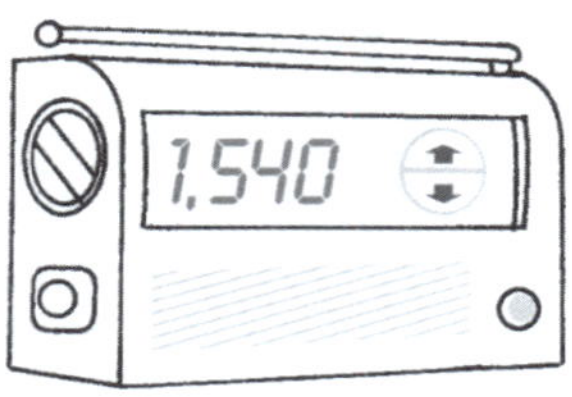

Unidade 4

O nosso planeta

Simone Ziasch/Arquivo da editora

O QUE VOU ESTUDAR?

- O planeta Terra
- O Sol e a Lua
- O dia e a noite

A Terra

O planeta onde vivemos se chama Terra. Observe uma foto dele.

A vida na Terra só é possível por causa da presença de água, ar, luz e calor.

A luz que ilumina a Terra é gerada pelo Sol.

A Terra, o Sol e a Lua fazem parte do Sistema Solar.

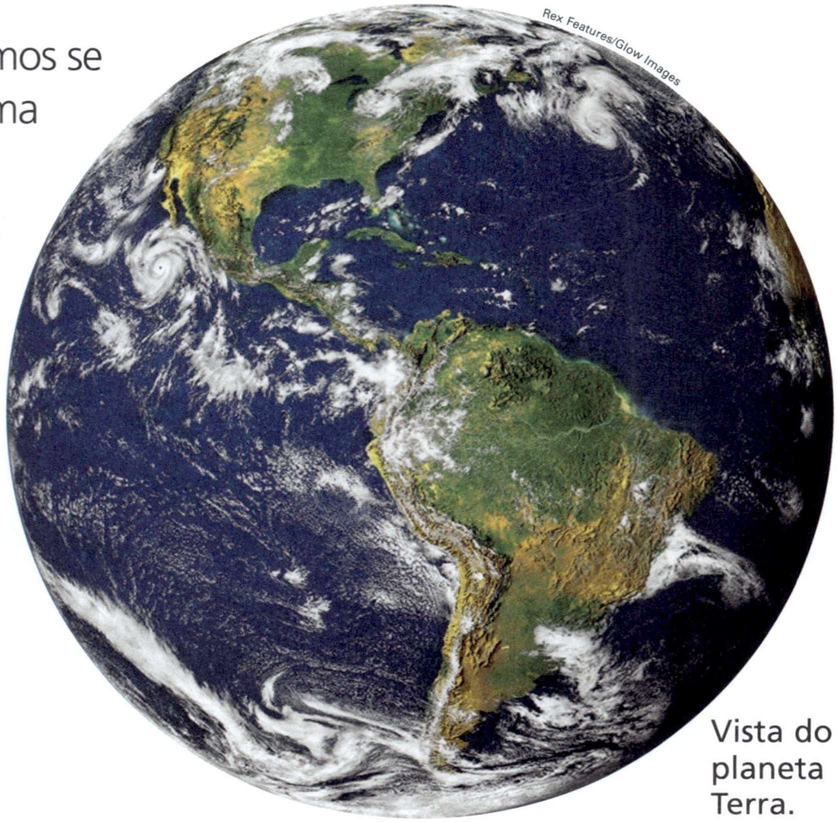

Vista do planeta Terra.

O Sol e a Lua

O Sol é a fonte de luz que ilumina a Terra. Ele também é a fonte de calor que aquece o planeta em que vivemos.

A Terra gira em torno do Sol e a Lua gira em torno do nosso planeta. Ela é o único satélite natural da Terra.

Sol

Lua

Sistema Solar: sistema que tem o Sol como centro.

satélite natural: astro que gira em torno de um planeta.

1. Marque com um **X** o nome do planeta onde vivemos:

☐ Lua ☐ Terra ☐ Sol

2. Encontre e circule no diagrama os elementos necessários para existir vida na Terra. As palavras estão no quadro abaixo.

LUZ	AR	ÁGUA	CALOR

L	X	Q	E	N	F	U	S	I	Á	G	U	A	K	J
B	U	O	F	M	Ç	D	E	F	S	C	A	N	T	U
L	U	Z	H	F	U	P	B	C	O	M	P	X	Z	B
V	R	B	M	N	Ç	P	O	X	A	R	L	Q	J	C
T	G	H	D	B	G	U	N	W	M	A	F	X	P	Z
C	Y	F	L	T	I	S	J	Ç	H	R	V	O	I	R
Q	D	E	U	C	A	L	O	R	B	N	X	R	K	E

3. Complete as frases com uma das alternativas do quadro.

a) A Terra é ______________________________.

o planeta em que vivemos | a fonte de luz e calor do planeta

b) O Sol é a fonte de ______________________________.

ar que envolve a Terra | luz que ilumina a Terra

4. Como seria a Terra sem o Sol? Marque com um **X**.

☐ fria e escura ☐ iluminada e quente

5. Leia as frases e observe as figuras. Depois, realize as atividades da página seguinte.

Fábio vai à escola de manhã, bem cedo, quando o Sol aparece.

Ao meio-dia, quando Fábio volta para casa, o Sol parece estar bem em cima de sua cabeça.

No fim da tarde, Fábio brinca um pouco na calçada. O Sol começa a desaparecer.

Ilustrações: Adelmo Naccar/Arquivo da editora

a) Pela manhã, em sua casa, observe em que direção o Sol surge no horizonte. Desenhe e pinte sua casa e o Sol surgindo.

b) Faça o mesmo no fim da tarde, na hora em que o Sol desaparece. Desenhe e pinte sua casa e o pôr do sol.

horizonte: linha que parece separar a Terra ou o mar do céu.

10

O dia e a noite

O Sol ilumina o planeta Terra, que gira sem parar.

Apenas uma parte da Terra é iluminada de cada vez. Nessa parte é dia. Observe:

Adelmo Naccari

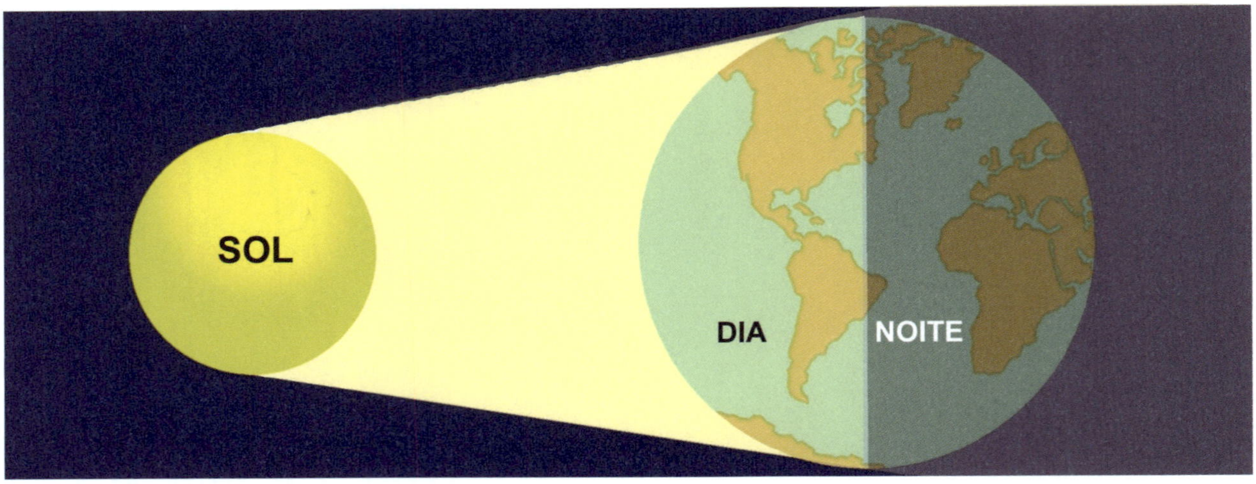

E a Terra continua a girar, girar, girar...

Então, aquela parte em que era dia deixa de receber a luz do Sol e passa a ser noite.

À noite não vemos o Sol, mas podemos ver as estrelas e a Lua.

Edson Grandisoli/Pulsar Imagens

Manaus (AM), 2012.
A cidade não está sendo iluminada pelo Sol.

Paulo Fridman/Pulsar Imagens

Manaus (AM), 2013.
A cidade está sendo iluminada pelo Sol.

O tempo passa

Leia o texto abaixo com o professor e os colegas.

NÃO SEI SE GOSTO MAIS DO DIA.
NÃO SEI SE GOSTO MAIS DA NOITE.
DE DIA, EU POSSO BRINCAR.
MAS, DE NOITE, EU POSSO SONHAR.

Ilustra Cartoon/Arquivo da editora

Dia e noite, de Mary França e Eliardo França. São Paulo: Ática, 2000.

Você vai à escola, brinca, faz lição de casa, descansa. Tudo isso em períodos diferentes.

Conte para seus colegas as atividades que você costuma realizar em cada período: manhã, tarde e noite.

1. Leia as frases e observe as imagens com os colegas de classe.

Ana Paula gosta muito da escola.

Ontem ela praticou atividades esportivas.

Hoje ela participa da aula de Informática.

Amanhã ela terá aula de Arte.

Ilustrações: Ilustra Cartoon/Arquivo da editora

2. Complete as frases a seguir com as palavras do quadro.

Ontem	Hoje	Amanhã

_____ é o dia que está acontecendo.

_____ é o dia que já passou.

_____ é o dia que ainda vai chegar.

De olho no tempo

O tempo passa… e nós vamos mudando…

- Leia as frases a seguir. Elas contam a história de Carolina. Depois, numere as imagens de acordo com as frases.

1. Carolina nasceu.

2. Carolina completou 1 ano de vida.

3. Com 2 anos, Carolina viajou de avião.

4. Com 3 anos, Carolina entrou na escola.

5. Carolina foi à praia pela primeira vez com 4 anos.

6. Hoje Carolina tem 6 anos e adora brincar com seu cãozinho.

Ilustrações: Ilustra Cartoon/Arquivo da editora

Livros

Reprodução/Larousse Júnior

Míni Larousse da Noite,
de Larousse Editorial. São Paulo: Lafonte.

O que será que acontece durante a noite? O que os animais fazem nos jardins e nas florestas? Quem trabalha nesse período? Essas e outras curiosidades poderão ser encontradas neste livro que explica ainda por que existe dia e noite e apresenta algumas estrelas do céu.

Reprodução/Editora Scipione

"Quer uma mãozinha?": aprendendo sobre colaboração,
de Claire Llewellyn e Mike Gordon. São Paulo: Scipione.

Por que ajudar as outras pessoas? Nem sempre temos vontade de colaborar com elas. No entanto, muitas vezes somos nós que necessitamos de ajuda. Este livro traz situações que mostram a importância da colaboração.

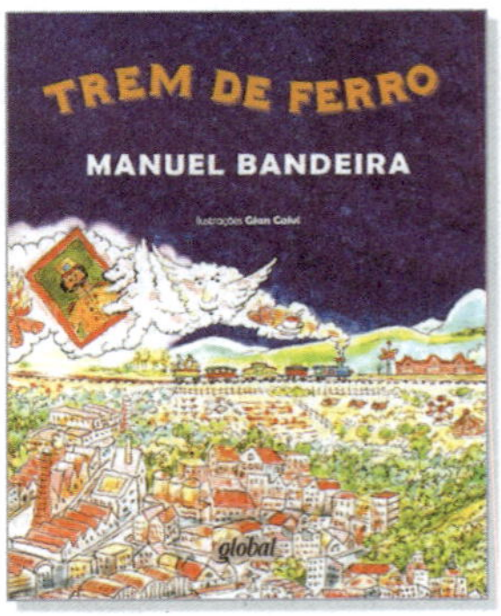

Reprodução/Editora Global

Trem de ferro,
de Manuel Bandeira. São Paulo: Global.

Que tal uma viagem de trem? Prepare-se, ajeite-se no banco e preste atenção na música que ele parece criar ao partir da estação: "Café com pão, café com pão, café com pão...".

Reprodução/Editora Ática

Vejam como eu sei escrever,
de José Paulo Paes. São Paulo: Ática.

Neste livro você encontrará poemas que falam do cotidiano: a escola, o dentista, a casa, os esportes, a televisão...

Ciências

SUMÁRIO

Unidade 1

O corpo humano

Simone Ziasch/Arquivo da editora

O QUE VOU ESTUDAR?

- O corpo humano
- As partes do corpo
- Os sentidos e o mundo em que vivemos

Conhecendo você

Fábio Sgroi/Arquivo da editora

Você viu como há famílias de todas as cores?

Quais características os filhos podem herdar de seus pais?

herdar: receber o que foi deixado ou transmitido pelos familiares, pelas gerações anteriores.

1. Em alguns pontos somos semelhantes às outras pessoas, mas também temos diferenças. Podemos ser parecidos e diferentes no corpo e nas preferências. Em seu caderno, desenhe você e um colega de classe, e escreva uma semelhança e uma diferença entre vocês.

2. As pessoas herdam, de seus pais ou parentes, algumas características. Na tabela abaixo, indique quais características você herdou de quem.

Características	De quem você herdou
Cor da pele	
Tipo de cabelo	
Cor de cabelo	
Formato dos olhos	
Cor dos olhos	

3. Leia o texto a seguir.

A ALTURA, O PESO, O SEXO, OS CABELOS E A COR DA PELE VARIAM DE PESSOA PARA PESSOA.

MUITAS OUTRAS COISAS TAMBÉM NOS DIFERENCIAM UNS DOS OUTROS, COMO O FORMATO DO NARIZ, DO QUEIXO, DA BOCA, DAS ORELHAS, DOS OLHOS, A POSTURA, O JEITO DE FALAR, DE ANDAR...

Fábio Sgroi/Arquivo da editora

O corpo. São Paulo: Ática, 1998. (Minha primeira enciclopédia – Larousse).

- Fisicamente, você se acha parecido com alguém de sua família? E no jeito de ser?
- Observe seus colegas. O que o corpo de todos tem em comum?
- O que você acha de sermos todos diferentes? Discuta com seus colegas.

2

As partes do corpo

O corpo humano é formado por diferentes partes.

Fábio Sgroi/Arquivo da editora

Você já reparou quanta coisa pode fazer com seu corpo?

ANDAR, CORRER,
RESPIRAR E COMER.
TAMBÉM PENSAR
E O MUNDO PERCEBER...
QUANTA COISA O MEU CORPO
É CAPAZ DE FAZER!

Maria Teresa Marsico

• Você conhece as diferentes partes do corpo? Observe a parte do corpo que as setas indicam. Descubra no quadro o nome de cada parte e escreva-o no retângulo.

peito	joelho	pé	tornozelo
ombro	mão	calcanhar	barriga

Tetra Images/Latinstock

Westendi 61/Keystone Brasil

3

Os sentidos e o mundo em que vivemos

OS CINCO SENTIDOS

VER, TOCAR, SENTIR O GOSTO,
SENTIR O CHEIRO, OUVIR:
VOCÊ TEM CINCO SENTIDOS.
COM SEUS OLHOS,
SUA PELE, SUA LÍNGUA,
SEU NARIZ E SUAS ORELHAS,
VOCÊ DESCOBRE TUDO
O QUE ESTÁ A SUA VOLTA!

Os cinco sentidos, de Adéle Ciboul. Tradução de Maria Luiza N. da Silveira. São Paulo: Moderna, 2001. (Criança curiosa).

Estes são os nossos cinco sentidos: gustação, olfato, visão, tato e audição.

Ilustrações: Fábio Sgroi/Arquivo da editora

Nariz, língua, olhos, pele e orelhas enviam mensagens ao cérebro, informando como é o mundo ao nosso redor.

O olfato

Qual órgão dos sentidos o menino usou para sentir o cheiro do chocolate?

O nariz é o órgão do sentido do olfato. Por meio do olfato, é possível identificar odores do ambiente.

odores: cheiro percebido pelo nosso nariz. Há cheiros bons e ruins.

Fábio Sgroi/Arquivo da editora

Com o olfato podemos perceber cheiros que indicam que algo errado está acontecendo, como um vazamento de gás ou a comida queimando quando fica tempo demais no fogo.

1. Leia e complete as frases com as palavras do quadro abaixo.

nariz	olfato	cheiros

a) O sentido do ______________ permite que eu sinta e diferencie vários tipos de ______________.

b) Quando respiro, o ar passa pelo meu ______________ e assim eu posso sentir os cheiros.

2. Você deve sentir muitos cheiros diferentes durante o dia. Organize, com seu professor e colegas de classe, uma lista com alguns cheiros que você percebe em casa e na escola, e anote em seu caderno.

A gustação

Sentimos o sabor dos alimentos por meio da língua, que fica na boca. A língua é o órgão do sentido da gustação.

QUANDO COMEMOS UM PEDAÇO DE CHOCOLATE TAPANDO O NARIZ, NÃO RECONHECEMOS O GOSTO DO CHOCOLATE, MAS APENAS SEU SABOR ADOCICADO. NA REALIDADE, A LÍNGUA DETECTA OS QUATRO SABORES PRINCIPAIS: O DOCE, O SALGADO, O AMARGO E O ÁCIDO. QUANDO COMEMOS CHOCOLATE, ELE EXALA UM ODOR QUE CHEGA AO NARIZ. É O NARIZ QUE PERMITE RECONHECER O GOSTO DO CHOCOLATE.

Corpo humano: como é feito, como funciona e cuidados com a saúde.
Tradução de Adriana Carvalho. São Paulo: Larousse do Brasil, 2005. Texto adaptado.

detecta: descobre, percebe algo.
exala: solta, lança um cheiro.

1. Observe as cenas a seguir.

Fábio Sgroi/Arquivo da editora

- Agora, responda.

a) Na primeira cena a menina sentiu o ______________ do alimento.

b) Na segunda cena a menina sentiu o ________________________ do alimento.

c) Quais sentidos a menina usou para perceber que o alimento era saboroso? ______________________________.

2. Pinte os quadrinhos segundo a legenda.

	Sabor doce		Sabor salgado

Shutterstock/Image Plus

mel ☐

Shutterstock/Image Plus

batata frita ☐

Shutterstock/Image Plus

sorvete ☐

Fernando Favoretto/Arquivo da editora

arroz com feijão ☐

A visão

Observe a ilustração.

Fábio Sgroi/Arquivo da editora

Na imagem acima, você e seus colegas podem perceber que a menina está observando um pássaro bem colorido.

É graças à visão que podemos notar as cores e muitas outras coisas.

Os olhos são os órgãos do sentido da visão.

- Observe a cena.

Fábio Sgroi/Arquivo da editora

- Agora, responda.

a) Quantas pessoas estão fazendo piquenique?

____

b) Quais alimentos estão sobre a toalha?

____

c) Há flores na paisagem? Qual é a cor delas?

____

____

d) Qual foi o sentido responsável por você ter percebido essas informações?

____

O tato

Por meio da pele, podemos sentir o que é macio ou áspero, o que é quente ou frio.

A pele é o órgão do sentido do tato. Ela reveste todo o nosso corpo.

NOSSA PELE POSSUI CORPÚSCULOS MICROSCÓPICOS QUE PERCEBEM O FRIO, O CALOR E A TEXTURA. ESSE ESTÍMULO CHEGA AO CÉREBRO ATRAVÉS DOS NERVOS. O SENTIDO DO TATO NÃO É IGUAL EM TODO O CORPO. ELE É BASTANTE DESENVOLVIDO NA LÍNGUA E NOS DEDOS, MAS POUCO NAS COSTAS.

Como será?, de Célia Ruiz.
São Paulo: Girassol, 2000. Texto adaptado.

corpúsculos microscópicos: pequenos corpos, praticamente invisíveis.

1. Observe as figuras abaixo. Depois, escreva nos balões o que você imagina que as crianças estão falando.

Fábio Sgroi/Arquivo da editora

2. Conte a seus colegas o que você sente quando anda descalço nos locais citados abaixo. Depois escreva algumas palavras que indiquem essa sensação.

Na areia:

____

____

Na grama:

____

____

No asfalto:

____

____

A audição

Com seus colegas, imite o som dos instrumentos musicais apresentados abaixo.

BlueSkyImage/Shutterstock/Glow Images

Richard Hutchings/Photoshot/Latinstock

Jesse Kunerth/Shutterstock/Glow Images

Apollofoto/Shutterstock/Glow Images

O mundo em que vivemos é cheio de sons e eles podem variar muito. Quem mora em grandes cidades ouve muitos sons: de carros, de aviões, de motos e muitos outros.

Quem mora em cidades menores, em sítios ou chácaras ouve outros tipos de sons, como os de passarinhos, de galos cantando ou o barulho das águas de um rio.

Os sons fazem parte de nossa vida. E é pela audição que conseguimos perceber os sons. Esse sentido nos permite ouvir as pessoas, os ruídos dos animais e tudo o que está ao nosso redor.

Os órgãos do sentido da audição são as orelhas.

1. Em todos os lugares há sons. Observe as imagens abaixo.

1

Epidote/Shutterstock/Glow Images

2

Gallinago Media/Shutterstock/Glow Images

3

Robert Kneschke/Shutterstock/Glow Images

4

i4lcocl2/Shutterstock/Glow Images

- Agora, numere as palavras conforme os sons representados em cada cena.

☐	Chuá!	☐	Vruuuum!
☐	Ah! Ah! Ah!	☐	Piu! Piu! Piu!

2. Observe as imagens a seguir. Depois, responda às questões.

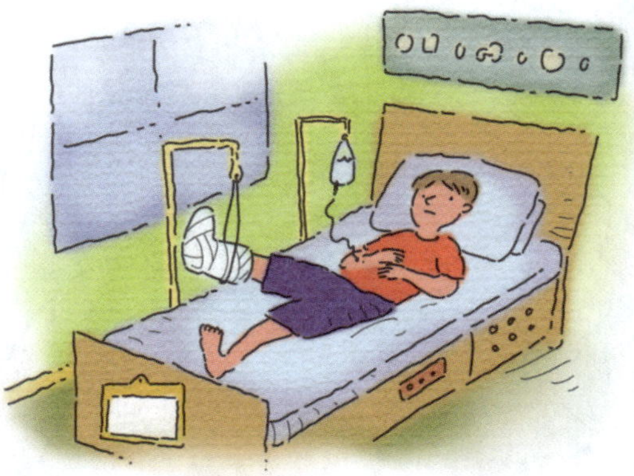

Fábio Sgroi/Arquivo da editora

- Os lugares acima são silenciosos ou barulhentos? Por quê?

____

____

____

Os sentidos

Agora você já sabe que os sentidos nos ajudam a perceber o que está ao nosso redor. Tente responder às questões a seguir e realize a atividade que o professor vai indicar.

1. Quando você assiste a um programa de televisão, você só está ouvindo ou também está vendo? Está usando mais de um sentido ao mesmo tempo?
2. Você consegue descobrir qual é a comida ou a bebida somente pelo cheiro, antes mesmo de ver ou comer? Por exemplo, um suco de maracujá ou uma batata frita?
3. Acha que um sentido, como o olfato, pode influenciar outros sentidos, como a gustação ou a visão?
   - E agora, será que você consegue adivinhar um objeto tocando nele ou sentindo seu cheiro, sem vê-lo? Vamos tentar?

Fábio Sgroi/Arquivo da editora

Atividade adaptada da Revista **Nova Escola**. Disponível em: <http://revistaescola.abril.com.br/ensino-medio/examine-complexo-sentido-tato-475346.shtml>. Acesso em: 28 set. 2010.

Unidade

2

O ambiente

O QUE VOU ESTUDAR?

- O lugar onde vivemos
- A natureza
- Os recursos naturais
- O dia e a noite
- As estações do ano

4

O lugar onde vivemos

A Terra é o lugar onde vivemos.

Em todo o planeta Terra há muitos lugares diferentes. Em cada um deles podemos encontrar alguns desses elementos: céu, mar, rios, lagos, montanhas, plantas, árvores, animais ou pessoas.

Ilustrações: Fábio Sgroi/Arquivo da editora

Esses lugares todos formam um conjunto que chamamos de ambiente.

- Quando você olha à sua volta, pode observar muita coisa, não é mesmo? Nos espaços abaixo, escreva os principais elementos que cada imagem mostra.

Ilustrações: Fábio Sgroi/Arquivo da editora

5

A natureza e os recursos naturais

Na natureza são encontrados os elementos que tornam possível a existência dos seres vivos na Terra, como a água, o ar, o solo e a luz do Sol. Eles são chamados de **recursos naturais**.

A água

A água é uma das substâncias mais importantes que existem, pois todos os seres vivos precisam dela para viver. Veja nas imagens, abaixo e ao lado, como a água está sendo utilizada.

Bikeriderlondon/Shutterstock/Glow Images

kikujungboy/Shutterstock/Glow Images

O ar

O ar é invisível, mas mesmo sem poder vê-lo podemos sentir sua presença no ambiente.

invisível: algo que o olho humano não consegue ver ou perceber.

Podemos sentir a presença do ar quando há vento. O vento é o ar em movimento.

Felix Mizioznikov/Shutterstock/Glow Images

O vento, que é o ar em movimento, bate no rosto da menina e balança seu cabelo.

Suzanne Tucker/Shutterstock/Glow Images

O ar entra e sai pelo nariz ou pela boca quando uma pessoa respira.

O solo

O solo abriga muitos seres vivos, e cada um tem sua importância na natureza. Alguns deles são tão pequenos que quase não podem ser vistos a olho nu.

Você conhece estes animais?

Hiroe Sasaki/Arquivo da editora

A luz do Sol

A luz do Sol aquece e ilumina a Terra. Sem essa luz o planeta seria escuro e gelado, portanto não existiria vida.

Embora somente uma pequena parte de toda a energia do Sol seja recebida pela Terra, ela é responsável pela luz, pelo calor e também por todos os fenômenos meteorológicos que acontecem em nosso planeta: ventos, chuvas, etc.

fenômenos meteorológicos: fatos relativos às condições do tempo, cuja observação possibilita fazer previsões: se vai chover ou não, se vai fazer calor ou frio, entre outras.

1. Você já sabe que a água é um recurso da natureza. Mas você sabe que, se não houver cuidado, a água pode acabar um dia? Complete as frases conforme o que cada criança está fazendo.

Marcos ______________ os dentes com a torneira ______________.

Sofia ______________ os dentes com a torneira ______________.

Ilustrações: Fábio Sgroi/Arquivo da editora

- Qual das crianças está evitando o desperdício de água?

____

2. O ar é um recurso natural muito importante. Responda: Todos os seres vivos precisam de ar para sobreviver?

☐ sim ☐ não ☐ às vezes

3. Muitas doenças são causadas pela poluição do ar. Observe as duas figuras e assinale com um **X** a cena em que as pessoas respiram um ar melhor.

☐

☐

Ilustrações: Ilustra Cartoon/ Arquivo da editora

4. Veja as figuras abaixo.

Ilustrações: Fábio Sgroi/Arquivo da editora

- Agora, complete as frases com as palavras do quadro.

animais	solo	alimento	plantações

É no _______________ que as _______________ são feitas. Essas plantações fornecem _______________ para nós e para muitos outros _______________.

5. Veja a planta que cresce no vaso.

Madlen/Shutterstock/Glow Images

- Na sua opinião, o que aconteceria com a planta se a Terra ficasse escura, sem luz solar? Assinale com um **X**.

☐ A planta continuaria a crescer.

☐ A planta morreria.

6. O calor do sol é responsável pela formação das nuvens que causam as chuvas. Você sabe explicar por que isso acontece?

Ilustrações: Cassiano Röda/Arquivo da editora

6

O dia e a noite

A Terra se movimenta ao redor de si mesma, girando, girando, como se fosse um pião. Com isso, uma hora é dia... outra hora é noite.

João Prudente/Pulsar Imagens

dia

Rubens Chaves/Pulsar Imagens

noite

Saiba mais

Céu estrelado

O céu é estrelado mesmo durante o dia. Então, por que nós só vemos as estrelas durante a noite? Isso acontece porque a intensidade da luz do Sol ofusca o brilho das outras estrelas e dos planetas que refletem a luz solar.

1. Converse com seu professor e colegas de classe. Depois, responda às questões.

a) Quais atividades podem ser realizadas durante o dia?

____

____

b) O que as pessoas fazem, geralmente, à noite?

____

c) Você gosta mais do dia ou da noite? Por quê?

____

____

2. Escreva se as situações abaixo ocorrem durante o dia ou à noite.

Ilustrações: Ilustra Cartoon/Arquivo da editora

7

As estações do ano

Em determinadas épocas do ano, algumas partes da Terra recebem mais calor do Sol e outras partes recebem menos. Por isso, ocorrem as estações do ano.

Rahel Patrasso/Futura Press

primavera

Zé Zuppani/Pulsar Imagens

verão

Bruno Magalhães/Nitro Images

outono

Apu Gomes/Folhapress

inverno

1. Observe as figuras e complete as frases com as palavras do quadro.

verão	frio	calor	inverno

O tempo de ______________ é chamado ______________.

O tempo de ______________ é chamado ______________.

2. Faça um desenho mostrando em qual estação do ano nós estamos e como as pessoas se vestem durante essa estação no lugar onde você mora.

De olho na canção

Os herdeiros do futuro

Você conhece esta canção? Quem são os herdeiros do futuro? Leia com o professor e os colegas.

HERDEIROS DO FUTURO

A VIDA É UMA GRANDE
AMIGA DA GENTE
NOS DÁ TUDO DE GRAÇA
PRA VIVER
SOL E CÉU,
LUZ E AR,
RIOS E FONTES,
TERRA E MAR.

SOMOS OS HERDEIROS DO FUTURO
E PRA ESSE FUTURO
SER FELIZ
VAMOS TER QUE CUIDAR
BEM DESSE PAÍS.

SERÁ QUE NO FUTURO
HAVERÁ FLORES?
SERÁ QUE OS PEIXES
VÃO ESTAR NO MAR?
SERÁ QUE OS ARCO-ÍRIS
TERÃO CORES
E OS PASSARINHOS
VÃO PODER VOAR?
SERÁ QUE A TERRA
VAI SEGUIR NOS DANDO
O FRUTO, A FOLHA,
O CAULE E A RAIZ?
SERÁ QUE A VIDA
ACABA ENCONTRANDO
UM JEITO BOM
DA GENTE SER FELIZ?

VAMOS TER QUE CUIDAR
BEM DESSE PAÍS.

Essa canção foi criada por Toquinho e Elifas Andreato e faz parte do CD **Canção dos direitos da criança**, Movieplay do Brasil.

Nós, crianças e adolescentes, somos os herdeiros do futuro. Também somos responsáveis por cuidar do planeta.

Desenhe numa folha avulsa o planeta Terra do jeito que você quer herdar no futuro.

- O que você pode fazer para cuidar do ambiente em que vive? Conte aos colegas.

Unidade

3

Os vegetais e os animais

Simone Ziasch/Arquivo da editora

O QUE VOU ESTUDAR?

- Os vegetais
- Os animais

8

Os vegetais

Os diferentes tipos de plantas

Existem muitos tipos de plantas. Elas nascem e crescem em diferentes lugares. Uma planta também pode ser chamada de vegetal. Elas podem se desenvolver no solo, na água e até mesmo apoiadas em outros vegetais.

Mario Friedlander/Pulsar Imagens

As vitórias-régias crescem boiando na água.

Marcio Lourenço/Pulsar Imagens

As orquídeas crescem apoiadas em troncos de árvores.

Jacek/kino.com.br

A carnaúba cresce no solo.

Saiba mais

A vitória-régia

A vitória-régia é uma planta aquática típica da região amazônica. Suas folhas podem chegar a 2 metros de diâmetro. As folhas da vitória-régia conseguem suportar o peso de uma criança pequena sem afundar na água.

diâmetro: a medida de um ponto ao outro de uma figura circular, passando pelo seu centro.

Disponível em: <www.canalkids.com.br/portal/barra/clubv.php?u=../meioambiente/index.htm>. Acesso em: 20 jun. 2014. Texto adaptado.

As plantas também têm tamanhos e formas diferentes.

Algumas são tão grandes e fortes que conseguem aguentar o peso de uma criança. Outras são tão pequenas que às vezes é até difícil de se enxergar.

- Você costuma brincar em árvores?

Blend Images/Shutterstock/Glow Images

- Cuidado para não pisar nestas flores!

LilKar/Shutterstock/Glow Images

Podemos utilizar as plantas para muitas coisas. Você come verduras, frutas e vê flores enfeitando a cidade. Todas elas são plantas.

Fábio Sgroi/Arquivo da editora

1. Alguns vegetais crescem altos e retos, outros têm muitos galhos, outros são baixos e rasteiros. Em uma folha avulsa, desenhe uma planta que você costuma ver em sua casa, na rua ou na escola. Escreva as informações que souber: o nome dessa planta, como ela é, etc.

rasteiros: que têm pouca altura, que ficam próximos do solo.

2. Desembaralhe as letras das palavras e complete a frase.

OLSO
RA
ZLU SLOAR
GAUÁ

As plantas são seres vivos e precisam de ________, ________, ________________ e ____________ para viver e se desenvolver.

Partes de um vegetal

Este cajueiro está carregado de frutos. Numere suas partes de acordo com a legenda.

1 → raiz　　2 → caule　　3 → folha

4 → flor　　5 → fruto

cajueiro: a árvore do caju, um fruto muito comum no nordeste do Brasil.

Fábio Sgroi/Arquivo da editora

Para ser saudável, precisamos incluir em nossa alimentação diversos vegetais, como frutas, verduras e cereais.

Veja as partes de vegetais a seguir. Quais delas você costuma comer? Conte aos colegas. Se lembrar de mais algum exemplo, desenhe nos quadros em branco.

Semente

grãos de feijão
PhotoDisc/Arquivo da editora

vagem
PhotoDisc/Arquivo da editora

amendoim
Jorge Butsuem/Arquivo da editora

Raiz

cenoura
PhotoDisc/Arquivo da editora

rabanete
PhotoDisc/Arquivo da editora

mandioca
Jorge Butsuem/Arquivo da editora

Caule

cana-de-açúcar
Delfim Martins/Pulsar Imagens

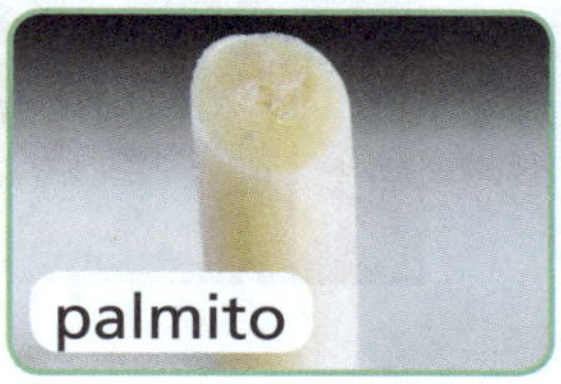
palmito
Jacek/kino.com.br

inhame
André Fortes/Arquivo da editora

Folha

alface
Luis Gomes/Arquivo da editora

couve
Léo Burgos/Acervo do fotógrafo

repolho
StockDisc/Arquivo da editora

Flor

alcachofra
StockDisc/Arquivo da editora

brócolis
StockDisc/Arquivo da editora

couve-flor
StockDisc/Arquivo da editora

Fruto

abacaxi
StockDisc/Arquivo da editora

laranja
Dynamic Graphics/Arquivo da editora

tomate
StockDisc/Arquivo da editora

9

Os animais

Existem muitos tipos de animais.

Alguns têm asas.

Daniel Prudek/Shutterstock/Glow Images

Outros não têm asas.

Alexander Raths/Shutterstock/Glow Images

Alguns são rápidos.

Leena Robinson/Shutterstock/Glow Images

Outros são lentos.

Benjamint/Shutterstock/Glow Images

Alguns são grandes.

Johan Swanepoel/Shutterstock/Glow Images

Outros são pequenos.

Christian Vinces/Shutterstock/Glow Images

Alguns têm pernas.

otsphoto/Shutterstock/Glow Images

Outros não têm pernas.

bluedogroom/Shutterstock/Glow Images

1. Dos animais abaixo, quais vivem na água e quais vivem na terra?

Vittorio Bruno/Shutterstock/Glow Images

Stefan Pircher/Shutterstock/Glow Images

Kokhanchikov/Shutterstock/Glow Images

Karel Gallas/Shutterstock/Glow Images

2. Desenhe numa folha avulsa os animais que você já viu no pátio da escola, no quintal de sua casa ou em um jardim.

- Agora, com a ajuda do professor, escreva:

a) o nome dos animais que você desenhou;

b) onde eles vivem (terra ou água).

3. Converse com seus colegas e tente responder às perguntas: Será que os animais que vivem na terra poderiam sobreviver na água? E os animais que vivem na água, poderiam sobreviver na terra? Que dificuldades eles teriam?

Animais silvestres e animais domesticados

Os animais que vivem livres na natureza são chamados **animais silvestres**.

Você sabe o nome destes bichos? Observe as fotos e converse com os colegas e o professor.

Mikadun/Shutterstock/Glow Images

Woརananphoto/Shutterstock/Glow Images

Os animais que são criados pelos seres humanos são chamados animais domesticados.

Joy Brown/Shutterstock/Glow Images

Yiannis Papadimitriou/Shutterstock/Glow Images

1. Pinte os animais de acordo com a legenda.

- Animal criado para a produção de ovos e carne.
- Animal criado para a produção de carne.
- Animal criado para a produção de leite e carne.
- Animal que vive na floresta.

Ilustrações: Fábio Sgroi/ Arquivo da editora

2. Alguns animais domesticados são chamados animais de estimação. Eles são criados em casa com carinho e cuidados especiais para fazer companhia às pessoas que os criam.
Em seu caderno, desenhe o animal de estimação que você tem em casa ou que gostaria de ter e escreva que espécie de animal ele é (exemplo: cachorro, gato, passarinho).

- Junte-se aos colegas que escolheram o mesmo animal que você. Depois, complete a ficha com as informações pedidas.

  Como cuidarei:

a) de sua alimentação.

____

____

b) de sua higiene e saúde.

____

____

c) do ambiente onde vive.

____

Cobertura do corpo dos animais

O corpo dos animais é coberto de diferentes maneiras.

Há animais que têm o corpo:

Mr. SUTTIPON YAKHAM/Shutterstock/Glow Images

coberto de carapaça.

Ekaterina V. Borisova/Shutterstock/Glow Images

coberto de escama.

apiguide/Shutterstock/Glow Images

coberto de pena.

Renata Apanaviciene/Shutterstock/Glow Images

coberto de pelo.

- Responda oralmente: Que sensação você tem ao tocar o corpo desses animais? Alguns são mais frios, outros mais quentes... alguns duros e outros macios. E o seu corpo como é? Sua pele é fria ou quente? Dura ou macia? Seca ou gelatinosa?

1. Escreva o nome de dois animais que você conhece que tenham:

a) penas:

____

b) pelos:

____

c) escamas:

____

d) carapaça:

____

2. Nos quadros abaixo desenhe um animal com cada tipo de cobertura corporal.

pelos	escamas

pele nua	penas

Locomoção dos animais

locomovem: se deslocam, vão de um lugar a outro.

Os animais se locomovem para:

procurar alimentos.

Paco Toscano/Shutterstock/Glow Images

fugir do predador.

cbpix/Shutterstock/Glow Images

se reproduzir.

Igor Plotnikov/Shutterstock/Glow Images

atacar.

Maria Dryfhout/Shutterstock/Glow Images

Saiba mais

Quantas pernas!

Os animais que se locomovem pela terra têm diferentes números de pernas. Nós, humanos, por exemplo, andamos sobre duas pernas. Já os gatos e cachorros têm quatro pernas, enquanto as aranhas têm oito. Mas ninguém ganha das centopeias: elas podem ter até duzentas pernas!

1. Os animais podem se locomover de várias maneiras. Observe as fotos e marque com **X** a parte principal do corpo que é usada para ele se locomover.

Paul Reeves Photography/Shutterstock/Glow Images

☐ pernas

☐ asas

EcoPrint/Shutterstock/Glow Images

☐ pernas

☐ asas

2. Como estes animais se locomovem de um lugar para o outro? Escolha no quadro uma forma de locomoção.

anda
nada
rasteja
voa

Keneva Photography/Shutterstock/Glow Images

____

Naypong/Shutterstock/Glow Images

____

Vladimir Salman/Shutterstock/Glow Images

____

aastock/Shutterstock/Glow Images

____

3. Escreva o nome do animal representado pela silhueta.

____

- Agora, assinale as informações corretas sobre esse animal.

Ele possui:
☐ quatro pernas.
☐ seis pernas.

Ele vive:
☐ no mar.
☐ na terra.

Ele se movimenta:
☐ voando.
☐ andando.

Esse animal:
☐ nasce da barriga da mãe.
☐ nasce de ovos.

O corpo desse animal:
☐ tem penas.
☐ tem pelo.

De olho na receita

Produtos vegetais

Pense nos produtos obtidos de vegetais. Você consegue imaginar quantas partes do vegetal foram desperdiçadas para fazer os produtos que estão na sua casa?

Ricardo Azoury/Pulsar Imagens

Para produzir móveis só interessa o tronco da árvore.

Para produzir uma cadeira de madeira, por exemplo, são rejeitadas todas as folhas, flores e raízes de uma árvore, e é usado apenas o tronco.

Para fazer batata frita, geralmente jogamos fora as cascas da batata.

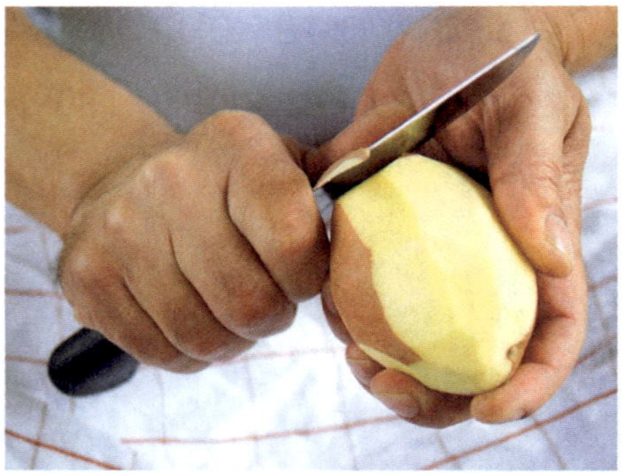

Joerg Beuge/Shutterstock/Glow Images

A casca da batata não poderia ser aproveitada?

Podemos fazer alguma coisa para evitar esse desperdício?

Que tal aprender uma receitinha bem simples, para aproveitar as cascas de frutas que geralmente vão para o lixo?

Peça para algum adulto preparar a receita. Você pode ajudar, por exemplo, lavando e separando os ingredientes.

Suco vitaminado

Ingredientes

8 xícaras (chá) de casca de abacaxi

1 litro de água

4 xícaras (chá) de tomates maduros picados

2 xícaras (chá) de açúcar

Modo de preparo

Lave o abacaxi com uma escovinha, retire e reserve as cascas.

À parte, cozinhe os tomates, coloque no liquidificador com as cascas de abacaxi, o açúcar e a água. Bata bem, coe e sirva bem gelado.

Disponível em: <www.sesi.org.br/portal/main.jsp?lumPageId=8A81818B14AC7B9C0114ADDBD3C34DAA&lumItemId=8A9015D014E1734601150569CE32115D>. Acesso em: 27 set. 2010.

Unidade 4

Higiene e saúde

Simone Ziasch/Arquivo da editora

O QUE VOU ESTUDAR?

- Hábitos de higiene do corpo
- Higiene à nossa volta
- Alimentação
- De onde vêm os alimentos

10

Hábitos de higiene do corpo

Quando cuidamos de nosso corpo e praticamos hábitos saudáveis, nós nos sentimos muito melhor e também preservamos a nossa saúde.

Hábito é tudo o que se faz sempre. Veja alguns hábitos que estas crianças têm e que as ajudam a conservar a saúde.

Ramona Heim/Shutterstock/Glow Images

tomar banho

Fernando Madeira/Shutterstock/Glow Images

escovar os dentes

matka_Wariatka/Shutterstock/Glow Images

usar roupas limpas

picturepartners/Shutterstock/Glow Images

lavar as mãos

Corbis/Alan Marsh/Latinstock

tomar água filtrada ou fervida

Saiba mais

Cuide-se!

Para ter boa saúde, não basta cuidar do corpo. É necessário também cuidar da mente. Para isso você pode ler bons livros e revistas, praticar esportes (atléticos, como corrida e natação; e mentais, como xadrez), brincar, conversar com amigos e familiares, passear ao ar livre e fazer várias outras atividades que goste.

leitura

convivência com a família

Ilustrações: Ilustra Cartoon/Arquivo da editora

esporte

Saiba mais

Você escova os dentes corretamente?

Os dentes superiores devem ser escovados de cima para baixo, e os dentes inferiores, de baixo para cima. É importante fazer a higiene dos dentes após cada refeição, para que os restos de comida não fiquem acumulados na boca, podendo provocar cáries. O uso do fio dental e as visitas regulares ao dentista também não podem ser esquecidos!

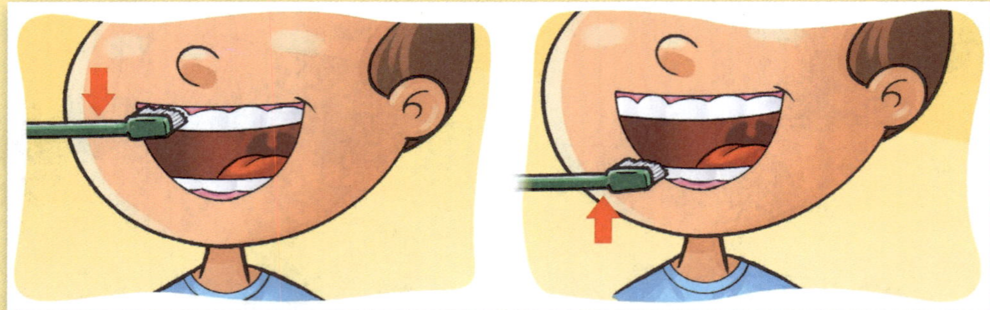

Ilustra Cartoon/Arquivo da editora

1. Marque com **X** o que você faz todos os dias.

Ilustrações: Fábio Sgroi/Arquivo da editora

- Você deixou de marcar alguma ilustração? Qual? Por quê? Converse com o professor e os colegas.

2. Escreva o nome dos objetos abaixo. Depois, conte a seus colegas de classe quais deles você usa e para que servem.

DenisNata/Shutterstock/Glow Images

____

Gutsulyak/Shutterstock/Glow Images

____

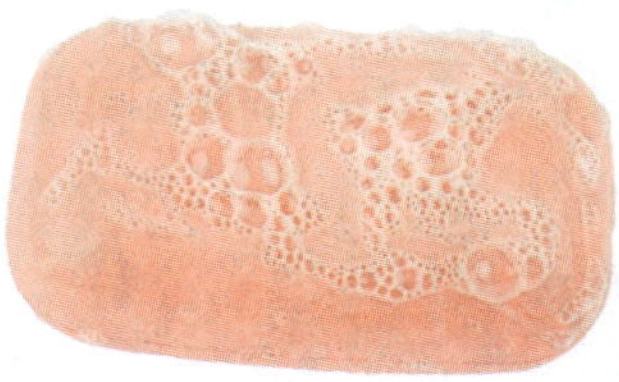

oksana2010/Shutterstock/Glow Images

____

3. Gustavo tem 4 anos. Um dia ele perguntou a seu pai, que é médico, por que as crianças precisam tomar vacina. Leia a resposta dele e descubra você também.

AS VACINAS SÃO REMEDINHOS QUE AS PESSOAS USAM PARA EVITAR CERTAS DOENÇAS.

NÃO EXISTE SÓ A DE GOTINHAS, HÁ VÁRIOS OUTROS TIPOS TAMBÉM.

ÀS VEZES AS VACINAS EXISTEM EM FORMA DE INJEÇÕES QUE QUASE NÃO DOEM E, É CLARO, SÃO MELHORES DO QUE CONTRAIR UMA DOENÇA GRAVE E, POR ISSO, PRECISAR SER INTERNADO, TENDO DE TOMAR VÁRIAS INJEÇÕES PARA SE CURAR.

ISSO SEM FALAR QUE ALGUMAS DESSAS DOENÇAS PODEM ATÉ CAUSAR A MORTE DA CRIANÇA.

É PARA ISSO QUE EXISTEM AS VACINAS. ELAS NOS PROTEGEM CONTRA AS DOENÇAS.

Papai, o que é vacina?, de Leonardo Mendes Cardoso. São Paulo: Ed. do Brasil, 1998.

4. Pergunte em casa e depois converse com seu professor: Você já tomou todas as vacinas próprias da sua idade? Por quê?

11

Higiene à nossa volta

Converse com o professor e os colegas sobre o que está representado na primeira figura.

Agora, veja a segunda figura e também dê a sua opinião.

Ilustrações: Fábio Sgroi/Arquivo da editora

O lixo polui e contamina o solo. Causa mau cheiro, atrai moscas, ratos e baratas, que podem nos causar doenças.

1. Observe as figuras abaixo e responda às perguntas.

1

2

Ilustrações: Fábio Sgroi/Arquivo da editora

a) O que faz o homem na figura 1?

____

b) O que faz o mesmo homem na figura 2?

____

c) Qual atitude do homem foi correta, a da figura 1 ou da figura 2? Por quê? Converse com os colegas e o professor.

2. O que você acha que pode ser feito para evitar o desperdício:

a) na hora de comer?

b) com o material escolar?

c) com os brinquedos usados?

3. Observe as figuras, leia o texto e complete as frases.

Ilustrações: Fábio Sgroi/Arquivo da editora

Vítor e Marina são irmãos. Eles chegaram da escola, lavaram as mãos e foram ____________. Depois, Vítor foi ________________.
Quem agiu de modo correto foi ____________, porque ____________________________ logo após as refeições.

4. Em uma folha avulsa, faça um desenho mostrando como o lixo da sua escola é recolhido.

12

Alimentação

Nosso corpo gasta energia em tudo o que fazemos.

Alexey Losevich/Shutterstock/Glow Images

brincar

Fotokostic/Shutterstock/Glow Images

praticar esportes

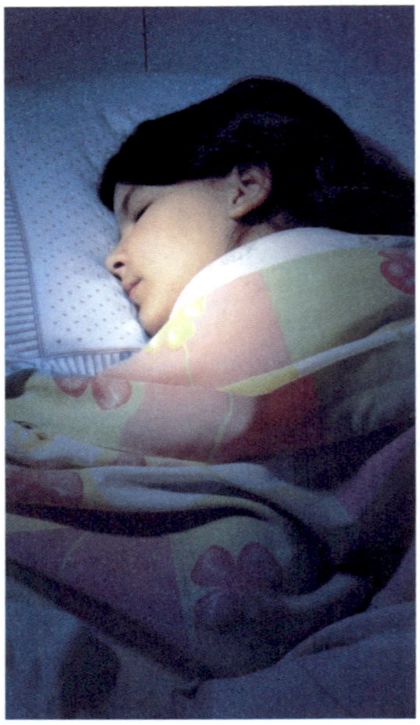

Gabriel Nardelli Araújo/Shutterstock/Glow Images

dormir

Gelpi JM/Shutterstock/Glow Images

estudar

A energia que nosso corpo gasta é reposta pelos alimentos que comemos. Se você quer crescer forte e sadio, precisa se alimentar bem e comer um pouco de cada tipo de alimento.

Frutas, legumes e verduras são saborosos e nos dão energia.

Do trigo fazemos pães, biscoitos e bolos, ricos em energia.

O peixe também é um alimento muito nutritivo.

grafvision/Shutterstock/Glow Images

peixe assado

Fernando Favoretto/Criar Imagens

Vegetais são importantes para uma alimentação saudável.

John Stull/Diomedia Brasil

trigo, pão, bolo, biscoito

1. Escreva o nome dos principais alimentos que você costuma comer:

no café da manhã	no almoço
no lanche	**na hora do jantar**

- Você está se alimentando bem? Converse com seus colegas.

2. Para ter uma vida saudável, precisamos nos alimentar e cuidar da higiene. Leia a lista de compras e coloque cada produto no quadro adequado.

FRUTAS	CARNE
LEGUMES	LEITE
PENTE	VERDURAS
CREME DENTAL	FEIJÃO
SABONETE	OVOS

higiene	alimentação

13

De onde vêm os alimentos

Você sabia que alguns alimentos vêm das plantas e outros vêm dos animais?

Sea Wave/Shutterstock/Glow Images

HLPhoto/Shutterstock/Glow Images

Africa Studio/Shutterstock/Glow Images

Existem também os alimentos de origem mineral, como o sal.

Mustafa Ozdag/Shutterstock/Glow Images

Outros alimentos chegam até nós depois de passarem por transformações, nas indústrias.

Paulo Manzi/Arquivo da editora

MARCELODLT/Shutterstock/Glow Images

- Observe as fotos dos alimentos e desenhe nos quadradinhos os símbolos correspondentes.

▲ De origem animal	■ De origem vegetal

Nattika/Shutterstock/Glow Images

☐

Imagedj/Shutterstock/Glow Images

☐

Nattika/Shutterstock/Glow Images

☐

Troyker/Shutterstock/Glow Images

☐

Maks Narodenko/Shutterstock/Glow Images

☐

Dulce Rubia/Shutterstock/Glow Images

☐

Ajudando a natureza

A sujeira é uma ameaça à nossa saúde. Por isso todos nós devemos colaborar para a manutenção da limpeza da casa, da escola, da rua, do bairro, enfim, de todos os lugares.

Para que o lixo possa ser reaproveitado, ele deve ser separado em lixeiras apropriadas, de acordo com o tipo de material de que é feito.

- Observe a cena e ajude as crianças a separar o lixo corretamente, completando os balões.

Ilustrações: Fábio Sgroi/Arquivo da editora

Agora, faça um **X** na cena em que a pessoa está cuidando da limpeza do lugar.

SUGESTÕES PARA O ALUNO

Livros

Reprodução/Companhia Editora Nacional

A casa dos cinco sentidos!,
de Sylvie Girardet e Puig Rosado. São Paulo: Ibep, 2007.

Enxergar, escutar, cheirar, saborear, apalpar... Nossos cinco sentidos nos ajudam a crescer e a descobrir a vida! Este livro ajuda as crianças a se conheceram melhor por meio de cinco pequenas histórias, cheias de humor e de poesia.

Reprodução/Vieira & Lent

As plantas,
de Israel Felzenszwalb. Rio de Janeiro: Vieira & Lent, 2010.

O livro apresenta o universo das plantas às crianças, tratando de temas que entram em seus questionamentos cada vez mais cedo, como natureza, meio ambiente e ecologia.

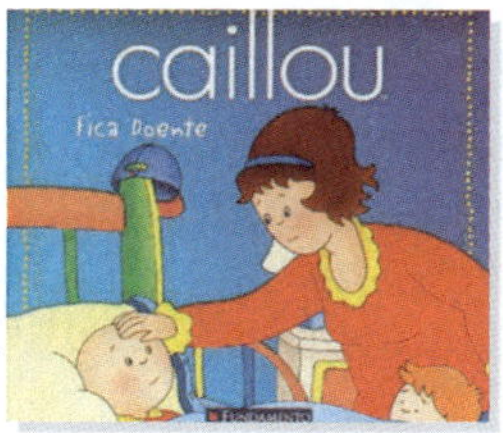

Reprodução/Editora Fundamento

Caillou fica doente,
de Roger Harvey. São Paulo: Fundamento, 2010.

Este livro conta a história de quando Caillou ficou doente e não pôde sair para brincar. Sua mãe cuidou dele com carinho e fez uma surpresa bem divertida.

Reprodução/Editora Scipione

Casinhas de bichos,
de Hardy Guedes Alcoforado Filho. São Paulo: Scipione, 1998.

O texto descreve, em versos rimados, como são as moradas de vários tipos de bichos, como o ninho do passarinho, a casa do joão-de-barro, a teia da aranha, o formigueiro e a toca do tatu.

Reprodução/Editora Scipione

Era uma vez uma semente,
de Judith Anderson e Mike Gordon. São Paulo: Scipione, 2008.

Como pode uma semente se tornar uma planta que formará novas sementes? O livro explica como isso ocorre por meio da história de uma menina e seu avô que acompanham esse processo de transformação.

Reprodução/Editora Ática

João Feijão,
de Sylvia Orthof. São Paulo: Ática, 2008.

João Feijão é uma semente que quer germinar e crescer. Os ciclos da natureza são apresentados para as crianças com fantasia e bom humor.

Reprodução/Editora Prumo

Prato feito,
de Guto Lins. São Paulo: Prumo, 2009.

Este livro defende que a cozinha é o melhor lugar da casa. Lá as coisas se transformam, ganham cheiro, cor, sabor e poesia.

Sites

Reprodução/<www.plenarinho.gov.br>

Plenarinho

<www.plenarinho.gov.br>

Nesse *site* você encontra textos diversos sobre os direitos das crianças, meio ambiente e saúde, além de jogos e brincadeiras divertidas e educativas.

Reprodução/<www.smartkids.com.br>

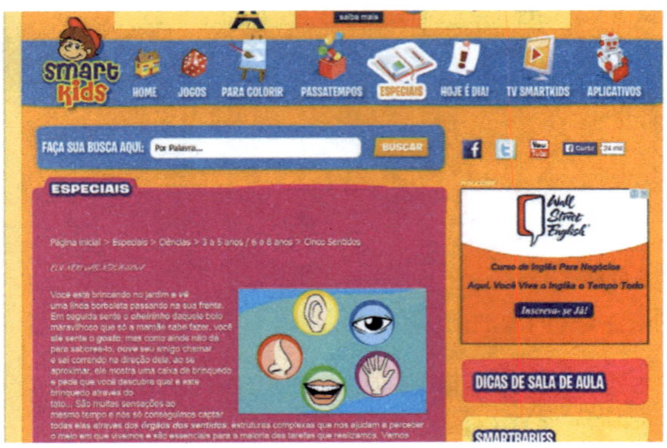

Smart Kids

<www.smartkids.com.br>

Aqui você encontra diversos passatempos, textos informativos e animações bacanas sobre temas de Ciências, como o especial sobre os órgãos dos sentidos.

Inglês

Autores

César de Oliveira Nyaradi e
Luiza Auxiliadora Pavon de Oliveira

SUMÁRIO

1

Greetings

Introducing the group

Saying goodbye

Ilustrações: Ilustra Cartoon/ Arquivo da editora

2

School objects

Opposites

Big

Small

1. Color the big pencil.

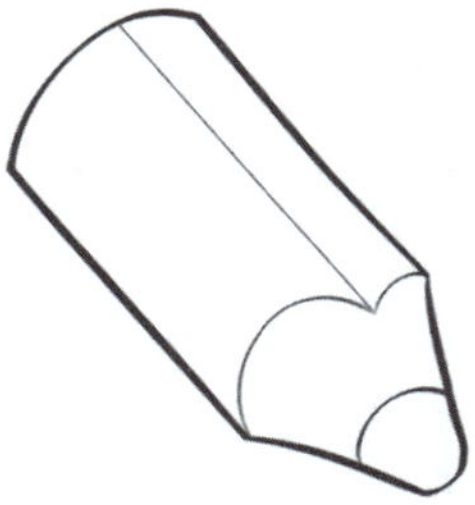

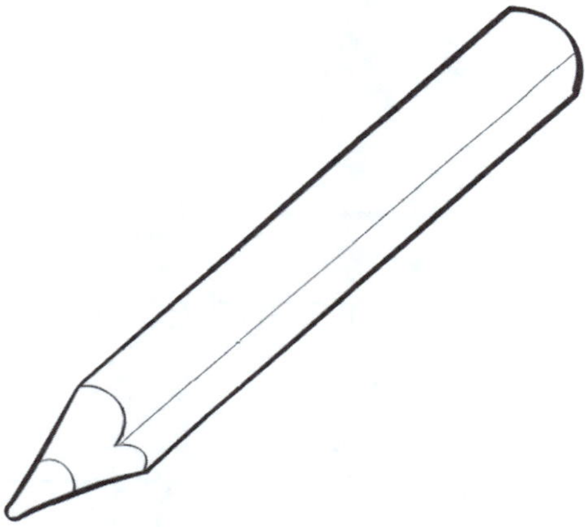

2. Circle the small book.

Ilustrações: Ilustra Cartoon/Arquivo da editora

3. Read and draw.

a) Pencil

b) Notebook

c) Eraser

d) Book

4. Join the dots and color.

- What is this?

Colors

Ilustra Cartoon/Arquivo da editora

1. Match.

a)

Edward Westmacott/Shutterstock/Glow Images

b)

Feng Yu/Shutterstock/Glow Images

c)

Loskutnikov/Shutterstock/Glow Images

d)

Stanislav V./Shutterstock/Glow Images

Red

Yellow

Blue

Green

2. Color.

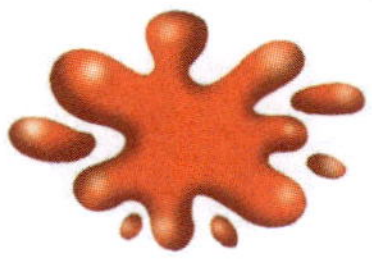
Red

Yellow

Blue

Green

White

Ilustrações: Ilustra Cartoon/ Arquivo da editora

3

Family

Ilustra Cartoon/Arquivo da editora

1. Draw your mother and your father.

2. Complete.

My mother's name is: ______________________

My father's name is: ______________________

3. Complete.

a)

M_____ther

b)

Fa_____er

c)

D_____ught_____r

d)

S_____n

Ilustrações: Ilustra Cartoon/Arquivo da editora

4. Take the mother to the baby.

5. Draw a family.

4

My body

Let's sing

This is my body

This is my arm
And that is your hand,
This is my foot
And that is your leg.

My face

Let's sing

This is my face

This is my eye
And that is your nose,
This is my ear
And that is your mouth.

1. Look and check.

a)

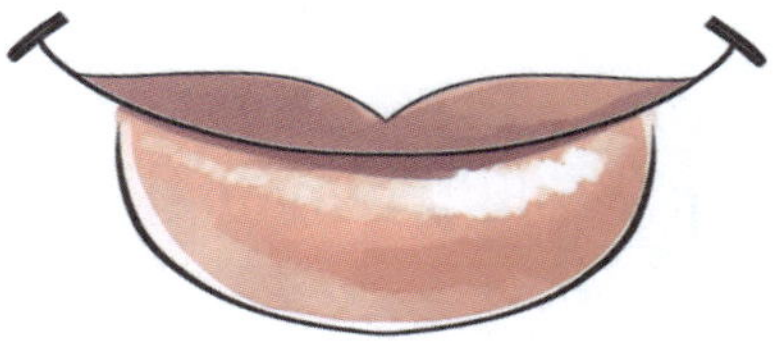

☐ Mouth ☐ Ear

b)

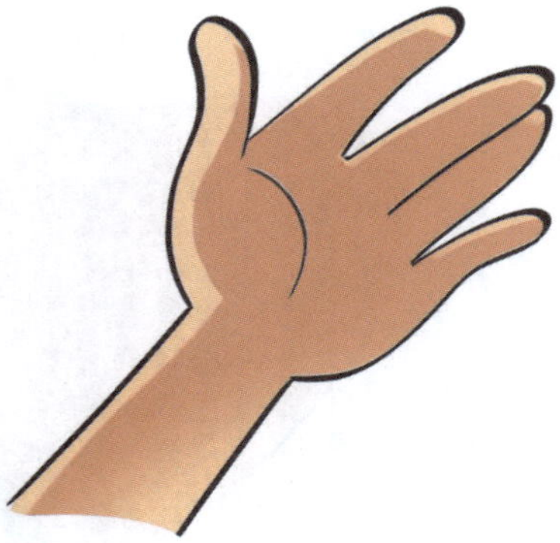

☐ Leg ☐ Hand

c)

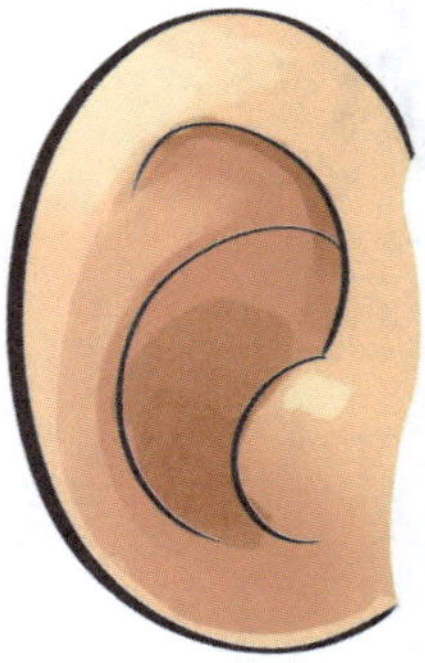

☐ Eye ☐ Ear

d)

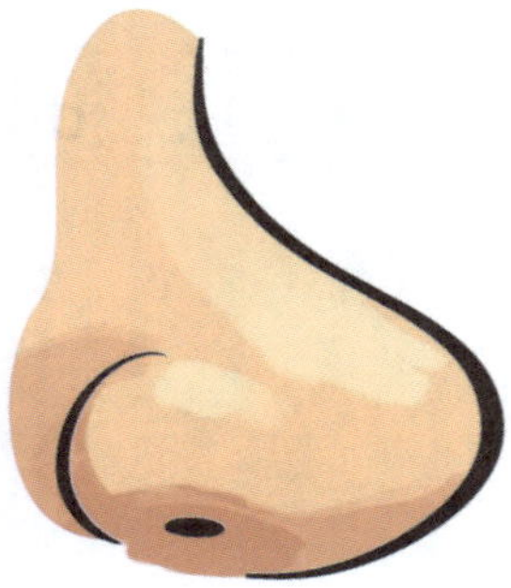

☐ Nose ☐ Leg

e)

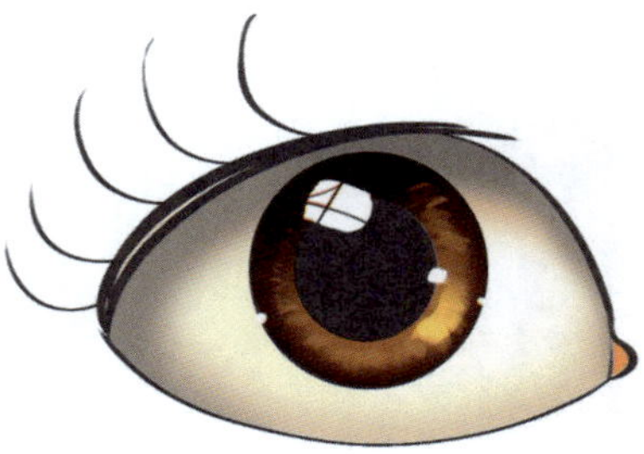

☐ Hand ☐ Eye

f)

Ilustrações: Ilustra Cartoon/ Arquivo da editora

☐ Face ☐ Leg

2. Complete.

3. Draw yourself.

5

Animals

Ilustra Cartoon/Arquivo da editora

1. What did the boy get?

Ilustra Cartoon/Arquivo da editora

Book	Apple	Cat	Fish

2. Match.

a) 

DenisNata/Shutterstock/Glow Images

b) 

Sari O'Neal/Shutterstock/Glow Images

c) 

Fly_dragonfly/Shutterstock/Glow Images

d) 

Mikael Damkier/Shutterstock/Glow Images

Dog

Fish

Bird

Cat

3. Draw your favorite pet.

4. Circle the cat and color the scene.

Let's sing

Pets

My dog is white
Your cat is black
Come with me
And let us play.

Ilustrações: Ilustra Cartoon/ Arquivo da editora

6

At home

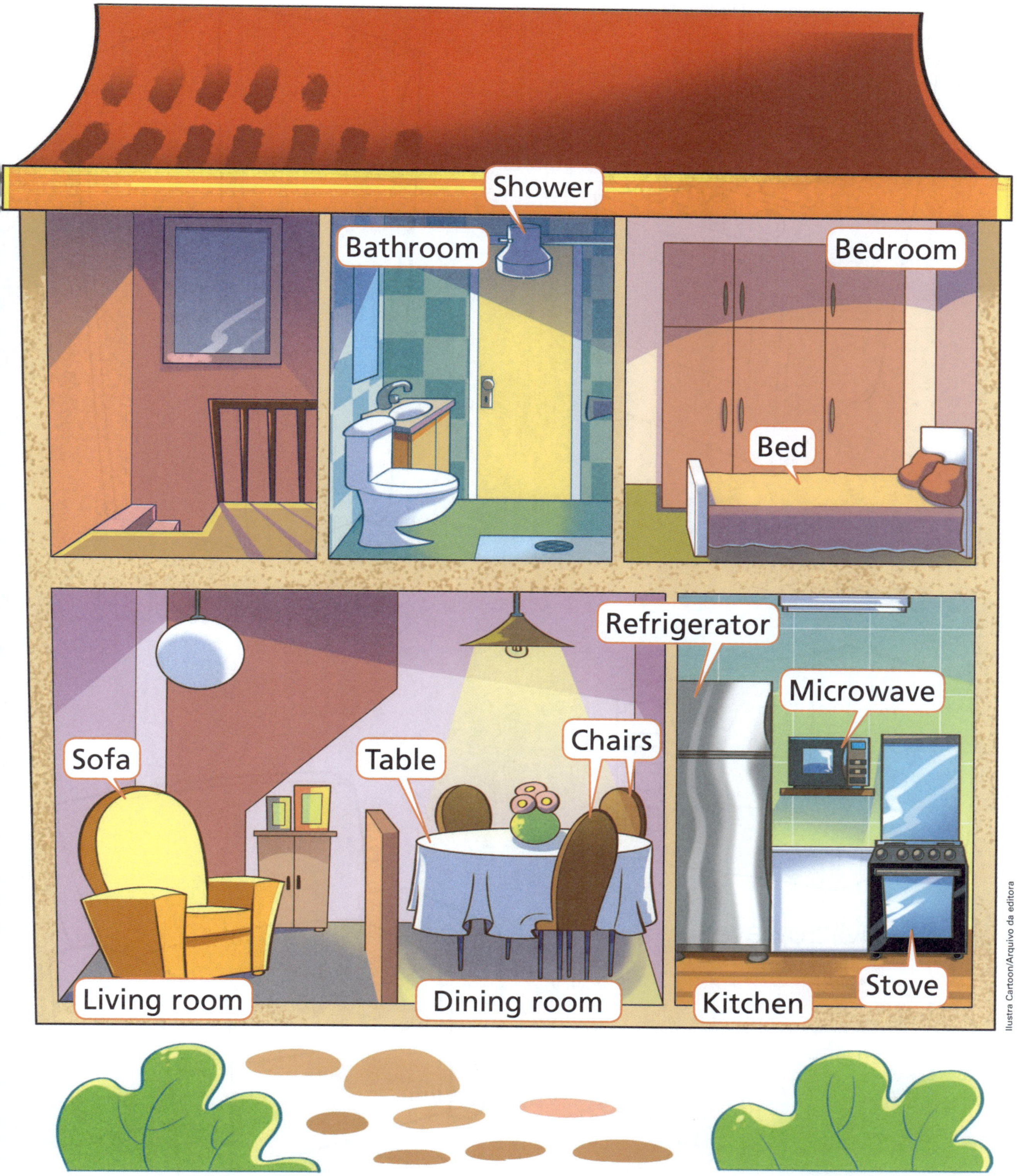

Ilustra Cartoon/Arquivo da editora

1. What isn't in the kitchen? Color it.

Stove

Refrigerator

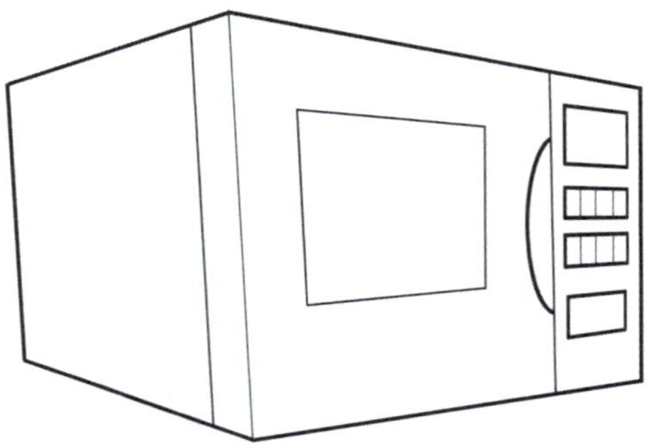

Microwave

Sofa

Ilustrações: Ilustra Cartoon/ Arquivo da editora

2. Match.

a

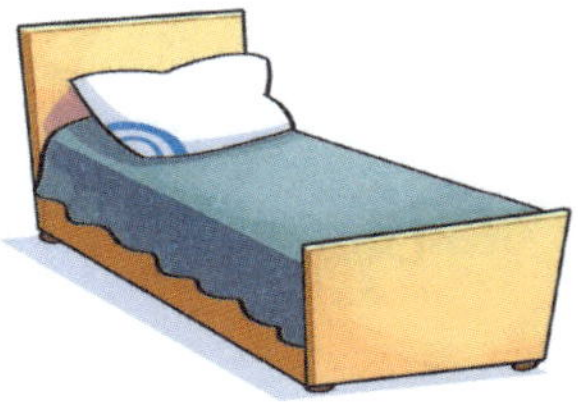

Bed

b

Stove

c

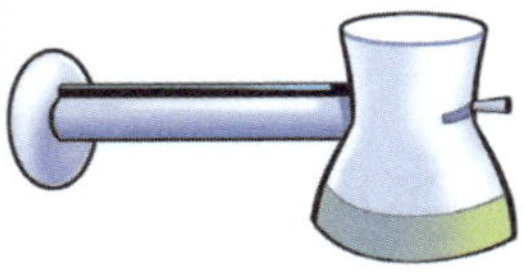

Shower

d

Table and chairs

e

Sofa

Ilustrações: Ilustra Cartoon/Arquivo da editora

3. Complete.

a) 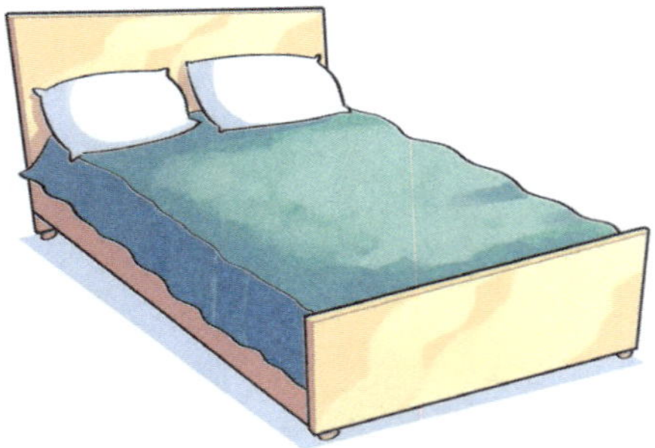

B____d

b) 

____tov____

c) 

Sof____

d) 

T____bl____

e) 

C____ai____

Ilustrações: Ilustra Cartoon/
Arquivo da editora

4. Do the crosswords.

G. Evangelista/Opção Brasil Imagens

ppart/Shutterstock/Glow Images

Maxx-Studio/Shutterstock/Glow Images

ppart/Shutterstock/Glow Images

7

Breakfast

Ilustra Cartoon/Arquivo da editora

1. Match.

a

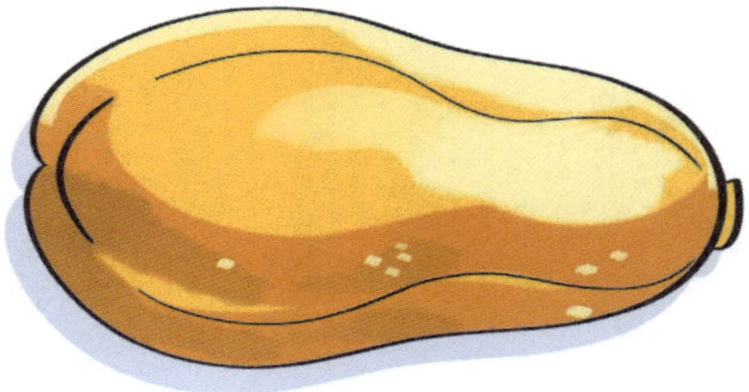

b

c

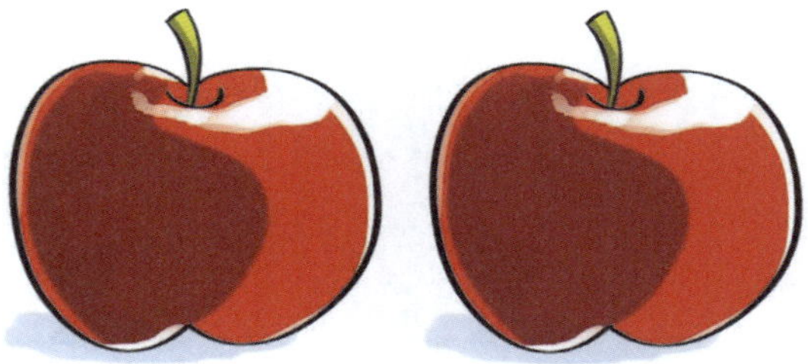

d

e

Ilustrações: Ilustra Cartoon/Arquivo da editora

- [ ] Five
- [ ] One
- [ ] Three
- [ ] Two
- [ ] Four

2. Complete.

a)

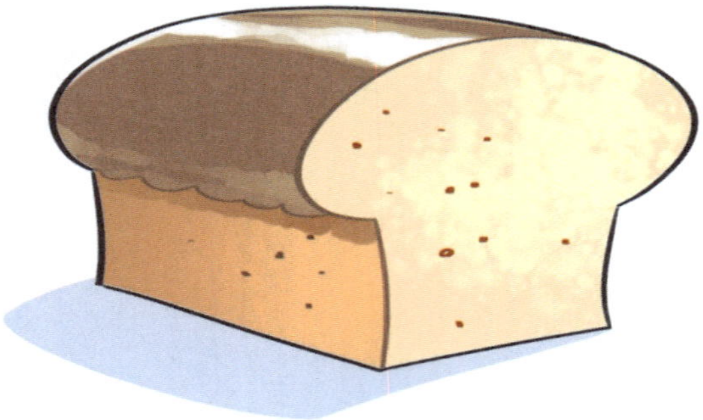

Br____d

b)

____i____k

c)

C____k____

d)

Ilustrações: Ilustra Cartoon/ Arquivo da editora

C____ee____e

3. Color.

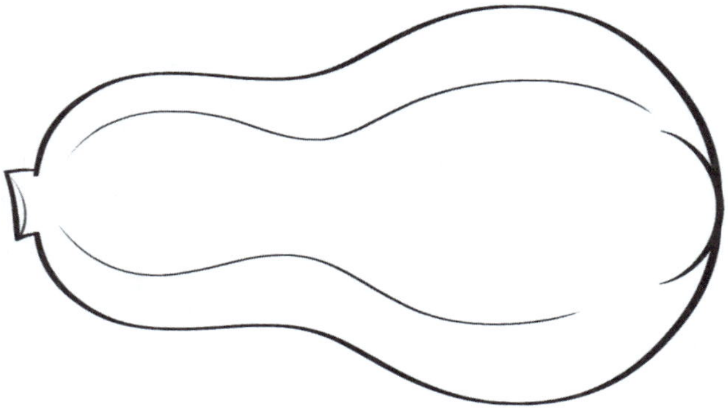

Yellow

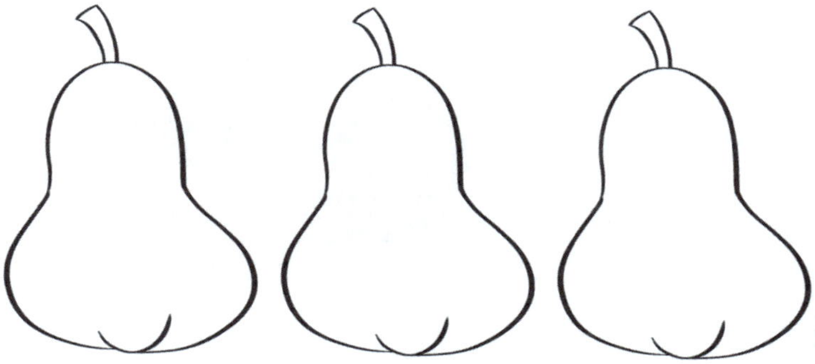

Green

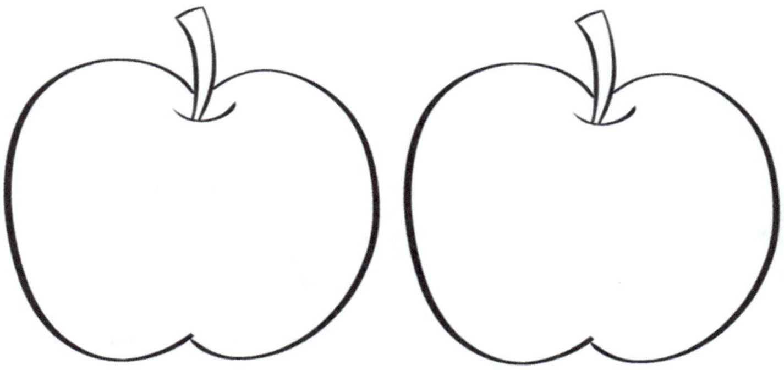

Red

Yellow

Ilustrações: Ilustra Cartoon/
Arquivo da editora

4. Listen and circle.

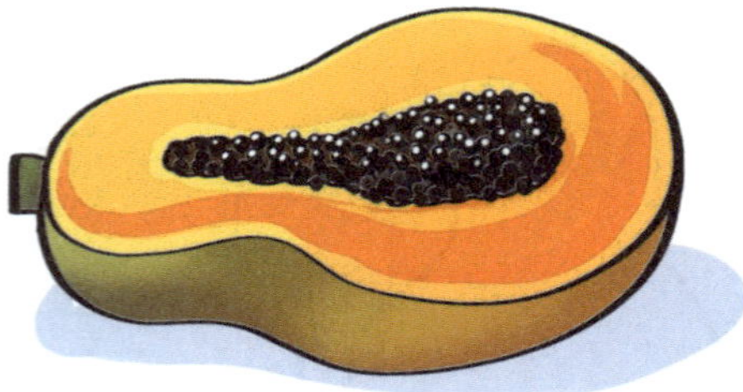

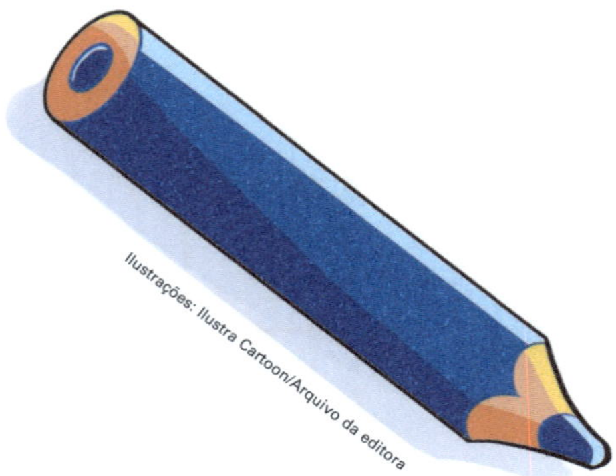

Ilustrações: Ilustra Cartoon/Arquivo da editora

5. Draw your favorite breakfast.

8

Merry Christmas

1. Count.

Ilustrações: Ilustra Cartoon/ Arquivo da editora

a) Ball ______

b) Bike ______

c) Train ______

d) Car ______

e) Doll ______

2. Color the toys.

Red Yellow Green Black Blue

3. Draw your next Christmas gift.

4. Color the Christmas tree.

Ilustra Cartoon/
Arquivo da editora

5. Draw your gifts.

Let's sing

Merry Christmas to you!

Merry Christmas, merry Christmas,
Merry Christmas to you!
To my dad, to my mommy,
Merry Christmas to you!

Merry Christmas, merry Christmas,
Merry Christmas to you!
Tra-la-la-la!
Tra-la-la-la!
To you!

Ilustra Cartoon/Arquivo da editora

Livros

Reprodução/Tiger Tales

Colours, de Emily Bolam, Macmillan.

Figuras de animais e objetos com cores vivas são o ponto de partida para o aprendizado das cores.

Sites

Reprodução/<www.allkidsnetwok.com>

All Kids Network

<www.allkidsnetwork.com> (acesso em: 10 fev. 2014)

Neste *site* há várias atividades e jogos que podem ser usados como material de apoio ao conteúdo do livro.

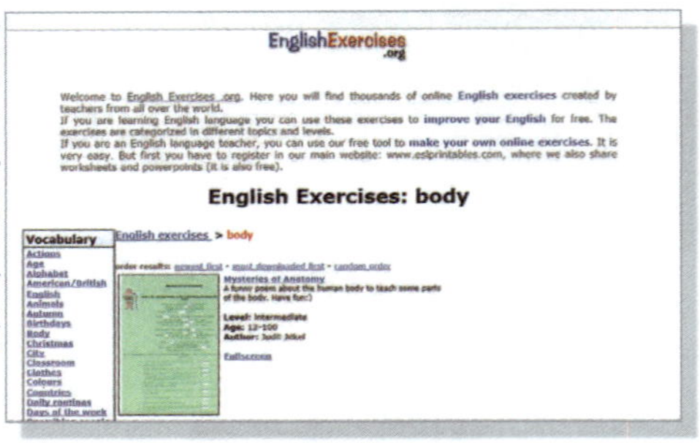

Reprodução/<www.englishexercises.org>

English Exercises

<www.englishexercises.org> (acesso em: 10 fev. 2014)

Site com jogos para explorar os temas trabalhados.

Reprodução/<www.eslgamesplus.com>

ESL Games+

<www.eslgamesplus.com> (acesso em: 10 fev. 2014)

Atividades e jogos que servem de material de apoio.

Arte

Autoras

Lígia Maria da Silva Rego e
Lígia da Costa Santos

SUMÁRIO

1

Arte em todos os lugares

A arte é uma forma de expressão muito especial. Por meio dela são transmitidas mensagens e emoções.

Ela se manifesta de diferentes maneiras: escultura, pintura, música, fotografia, dança, entre outras.

- Que tipo de arte você observa nestas imagens?

João Carlos Mazella/Fotoarena

Crianças dançam em homenagem ao Dia Nacional do Frevo em Recife (PE), 2012.

Edson Silva/Folhapress

Encenação da peça *Quem roubou meu sapatinho* em Riberão Preto (SP), 2014.

Weimer Carvalho/Folha Imagem

O artista plástico Siron Franco em seu ateliê em Goiânia (GO), 2001.

Marco Antonio Sá/Pulsar Imagens

Homem esculpindo em madeira em São Bento do Sapucaí (SP), 2011.

2

Os sons e a música

O mundo à nossa volta está repleto de sons.

Alguns são agradáveis e nos fazem relaxar, trazem boas lembranças ou dão vontade de dançar. Outros podem ser desagradáveis, cansativos e irritantes.

- Você já prestou atenção nos diferentes sons ao seu redor? Como você imagina os sons das cenas abaixo?

G W Willis/Oxford Scientific/Latinstock

Delfim Martins/Pulsar Imagens

Gal Oppido/Arquivo da editora

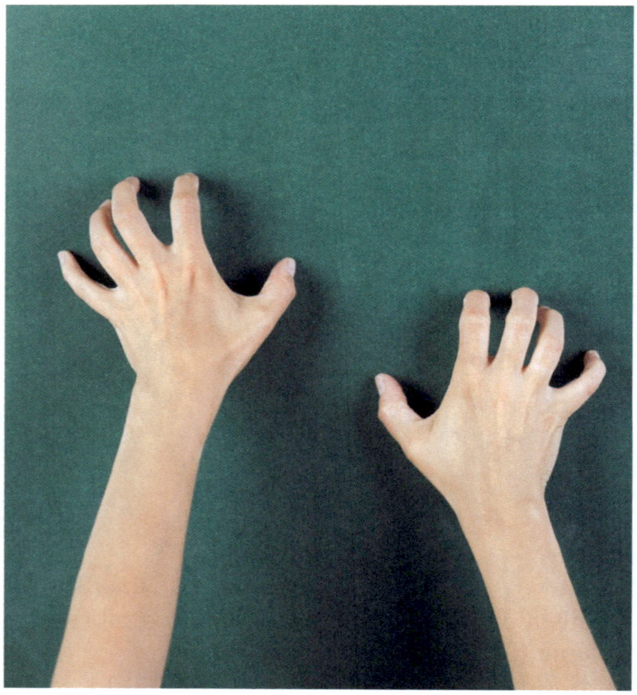

racorn/Shutterstock/Glow Images

Instrumentos musicais

A música é um conjunto de sons organizados que nos transmitem emoções. Ela é produzida no mundo todo, por diferentes culturas, há milhares de anos.

Para fazer música, podemos usar instrumentos musicais. Há instrumentos musicais de **sopro**, de **corda** ou de **percussão**.

- Ligue as fotografias às descrições.

Jupiterimages/Photolibrary/Getty Images

INSTRUMENTO DE SOPRO: USAMOS AS MÃOS, A BOCA E O AR DOS PULMÕES PARA TOCAR.

Vinicius Tupinamba/Shutterstock/Glow Images

INSTRUMENTO DE CORDA: USAMOS AS MÃOS E OS DEDOS PARA FAZER AS CORDAS VIBRAREM.

Leon Ritter/Shutterstock/Glow Images

INSTRUMENTO DE PERCUSSÃO: USAMOS AS MÃOS E/OU OS PÉS PARA BATER, CHACOALHAR.

3
A dança

Quando ouvimos uma música que nos agrada e começamos a mover o corpo no ritmo dela, estamos dançando. A dança é uma forma de arte na qual é possível expressar sentimentos e emoções por meio do corpo.

Há registros em vários períodos da História sobre a importância da dança na vida das pessoas.

- Veja as imagens desta página e tente imaginar como eram as músicas que acompanhavam essas danças.

akg-images/Latinstock

Pinturas rupestres feitas na parede de uma caverna na Tanzânia, país do continente africano, por volta de 25 000 anos atrás.

Museu Nacional da Tanzânia/Werner Forman Archive/Image Plus

akg-images/Latinstock

Vaso grego da segunda metade do século 4 a.C.

Dança no jardim, de Mestre de Jouvenel, cerca de 1640.

A dança na pintura

Muitos pintores retrataram movimentos da dança em suas obras.
Observe os quadros desta página.

A dança, óleo sobre tela de Henri Matisse, 1910.

Dançarinos, óleo sobre tela de Fernando Botero, 1997.

- No quadro **A dança**, de Henri Matisse, os personagens parecem dançar ciranda. Vamos dançar também? Dê as mãos para os seus colegas e formem uma roda. Enquanto rodam, cantem alguma cantiga de roda conhecida por todos.

Saiba mais

Existem danças típicas de determinadas regiões chamadas danças folclóricas. Elas são ensinadas pelos mais velhos aos mais novos como tradição. Nessas danças, geralmente as pessoas usam roupas típicas e tocam instrumentos enquanto dançam.

Integrantes do grupo Maracatu Piaba de Ouro em Olinda (PE), 2013.

4

O teatro

Observe as fotografias desta página. Nelas vemos atores em cena.

Alexandre Belem/JC Imagem

Cena da peça **Pinóquio**. Recife (PE), 2008.

Divulgação/Editora Abril

Cena da peça **Um lobo nada mau**. Curitiba (PR), 2005.

O teatro é a arte da representação. Usando a voz e as expressões do corpo e do rosto, os atores dão vida a diferentes personagens.

O nascimento do teatro

O teatro que conhecemos surgiu na Grécia antiga.

Os atores gregos eram todos homens e atuavam em um espaço denominado **teatro de arena**.

Para representar sentimentos, os atores usavam máscaras feitas de diversos materiais, como tecido, madeira, argila e couro.

Andrey Starostin/Shutterstock/Glow Images

Teatro Odeão de Herodes Ático em Atenas, Grécia, cerca do século 2 a.C.

- Observe estas máscaras. Que sentimentos você acha que elas representam? Para cada máscara, marque com um **X** uma das opções.

Museu Nacional Taranto, Itália/Gianni Dagli Orti/The Art Archive/Other Images

- [ ] FELICIDADE
- [ ] TRISTEZA
- [ ] RAIVA

Pergamon-Museum, Berlim, Alemanha/akg-images/Latinstock

- [ ] ESPANTO
- [ ] FELICIDADE
- [ ] RAIVA

Quem trabalha no teatro?

Para realizar um espetáculo teatral, muitas pessoas trabalham em conjunto, cada uma delas representando a sua função. Conheça, a seguir, algumas dessas funções.

Simone Ziasch/Arquivo da editora

5

A fotografia

Você tem alguma fotografia em casa?

As pessoas costumam tirar fotografias para registrar momentos pessoais, como aniversários, nascimentos e lugares que foram visitar. As fotografias também são utilizadas como registro de acontecimentos importantes.

Há ainda fotografias que são obras de arte.

Jacek/kino

Sônia Oddi/Olhar Imagem

AVAVA/Shutterstock/Glow Images

Saiba mais

A primeira fotografia foi feita há quase duzentos anos, quando um químico francês conseguiu gravar uma imagem em uma chapa de metal. A foto retratava a paisagem que ele via da janela de seu escritório.

Já a primeira máquina fotográfica surgiu um pouco depois e se chamou **daguerreótipo**. Ela recebeu esse nome por causa de um de seus inventores, o francês Louis Daguerre.

Album/akg-images/Latinstock

Daguerreótipo, a primeira máquina fotográfica da história.

A fotomontagem

Um dos recursos que o fotógrafo pode usar em seu trabalho é a fotomontagem.

Fotomontagem é a técnica de reunir duas ou mais imagens para criar uma nova composição.

Fotomontagem de Anne Geddes, 2003.

- Que tal fazer sua própria fotomontagem?

  1. Escolha uma das cópias de fotografia para servir de fundo e cole-a no pedaço de cartolina.
  2. Recorte diferentes detalhes das outras cópias de fotos e vá colando em cima da imagem principal.
  3. Exponha a sua fotomontagem no mural da sala de aula ou no mural da escola.

Material

- Cópias de fotografias próprias
- Pedaço de cartolina
- Tesoura sem ponta
- Lápis de cor ou giz de cera
- Cola

6

O cinema

Durante a primeira sessão de cinema da História, uma cena impressionou a plateia: uma locomotiva que vinha em direção aos espectadores e depois sumia em um canto da tela. Muitas pessoas ficaram tão assustadas que saíram correndo do cinema.

Isso aconteceu na França, há mais de cem anos. Hoje o cinema faz parte do dia a dia das pessoas no mundo inteiro, trazendo emoção e beleza à vida de todos.

Museu Carnavalet, Paris, França/The Bridgeman/Keystone

Folheto de uma das primeiras exibições de cinema dos irmãos Lumière em Paris, França, 1896.

O primeiro filme do mundo foi exibido em um projetor construído pelos irmãos Auguste e Louis Lumière. Por isso eles são conhecidos como os inventores do cinema.

História do cinema

No início do cinema, os filmes eram mudos, por isso as sessões eram acompanhadas por um pianista, que fazia a trilha sonora.

Rue des Archives/Latinstock/Kino International

Cena do filme **Sherlock Jr.**, com Buster Keaton, em que aparece um pianista tocando durante a exibição de um filme mudo, 1924.

- Converse com um colega sobre o tema cinema. Para iniciar a conversa, façam estas perguntas um ao outro:
  - Você já foi ao cinema? Se não foi, como imagina que ele seja?
  - A que filme você mais gostou de assistir?
  - Você já viu filmes mudos? Se não, como imagina que eles sejam?
  - Quais são os filmes mais recentes a que você assistiu?

Divulgação/Editora Abril

Cena do filme **O garoto**, dirigido e estrelado por Charles Chaplin, 1918.

Saiba mais

Um grande artista do cinema mudo foi Charles Chaplin, com seu inesquecível personagem Carlitos, que encantava e fazia rir todas as plateias.

7

O desenho animado

Os desenhos animados, também chamados animações, surgiram com o cinema mudo há mais de cem anos.

A técnica tradicional para produzir esse tipo de filme utiliza como base diversos desenhos sequenciais que, quando projetados rapidamente, dão a impressão de movimento.

Reprodução/Winkler Pictures Studios

O primeiro desenho animado

Veja a sequência de imagens a seguir.

Divulgação/Arquivo da editora

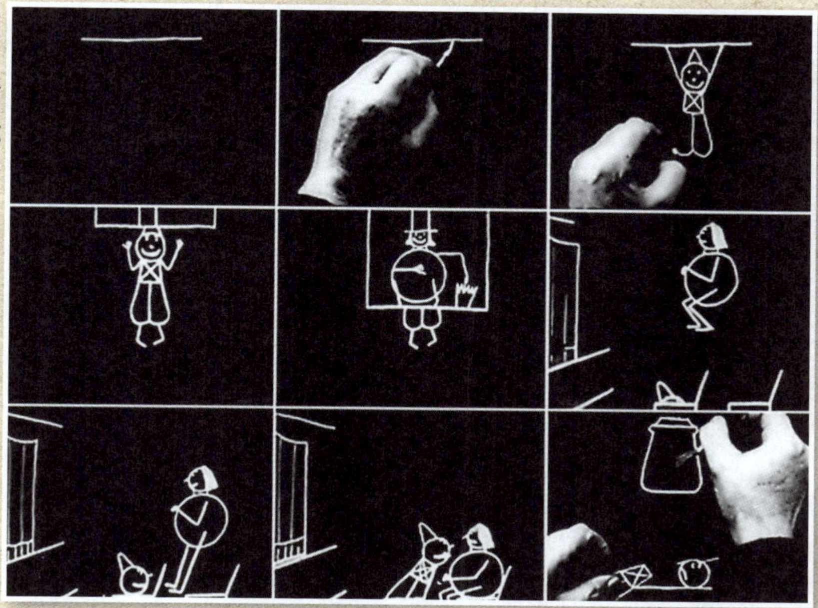

Cenas de **Fantasmagorie,** desenho animado de Émile Cohl, 1908.

O palhacinho que aparece nas imagens é personagem do primeiro desenho animado que existiu. Ele foi projetado em Paris, no dia 17 de agosto de 1908.

Imagine que, para obter pouco mais de um minuto de animação, foram feitos mais de setecentos desenhos!

- Numere os quadrinhos colocando a sequência de desenhos abaixo na ordem correta. Depois pinte os desenhos.

Ilustra Cartoon/Arquivo da editora

SUGESTÕES PARA O ALUNO

Livros

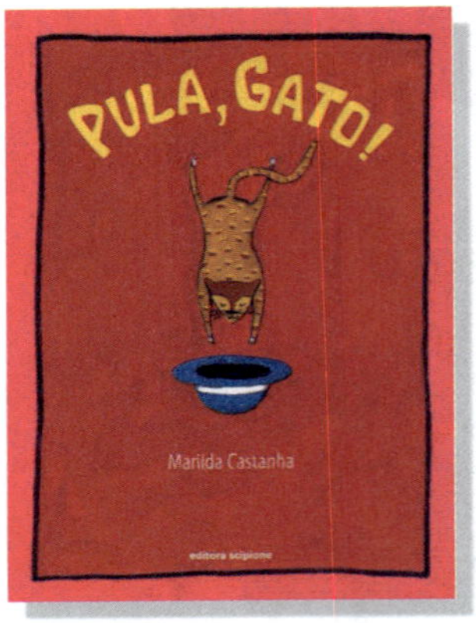

Reprodução/Editora Scipione

Pula, gato!,
de Marilda Castanha. São Paulo: Scipione.

Como é que um gato foi parar dentro de uma galeria de arte? Acredite se quiser, ele saiu de dentro de uma pintura. Faça como ele: pule nesta história ilustrada e divirta-se.

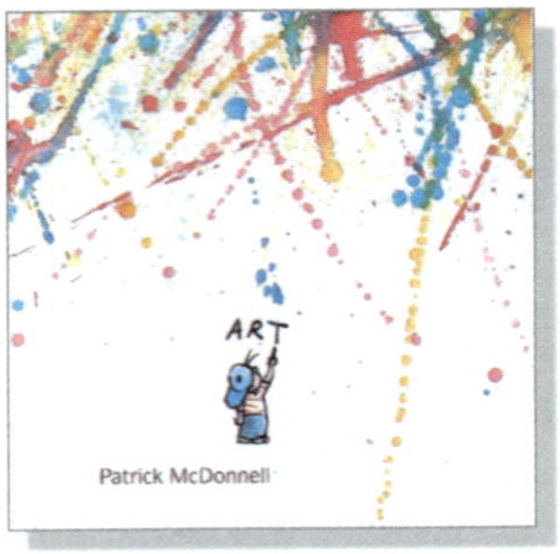

Reprodução/Editora Girafinha

Artur faz arte,
de Patrick McDonnell. São Paulo: Girafinha.

Este livro conta a história de um garotinho muito esperto e criativo chamado Artur, que risca e rabisca, desenha e pinta com muita energia. Será que ele vai te inspirar a fazer tudo isso também?

Reprodução/Editora Ática

Belinda, a bailarina,
de Amy Young. São Paulo: Ática.

Por causa de seus pés grandes, Belinda é reprovada no teste de balé. Acaba indo trabalhar em um restaurante, mas mal pode imaginar que sua paixão pela dança não a abandonaria tão fácil.

Reprodução/Panda Books

Meu museu,
de Maísa Zakzuk. São Paulo: Panda Books.

Uma menina fará sua primeira visita ao Masp, um museu de arte em São Paulo. O que será que ela vai encontrar? Entre com ela nessa aventura e conheça um mundo por trás das artes – a história da construção do museu, como os museus se organizam, como são as exposições –, além de obras dos mais famosos pintores da história da arte, como Renoir, Monet, Picasso, Lasar Segall e Portinari.

Material de apoio

SUMÁRIO

LÍNGUA PORTUGUESA

Alfabeto móvel

A A A A A

A B B B B

C C C C D

D D D E E

E E E E F

F F F G G

G G H H H

H I I I I

I	I	J	J	J
J	K	K	K	K
L	L	L	L	M
M	M	M	N	N
N	N	O	O	O
O	O	O	P	P
P	P	Q	Q	Q
Q	R	R	R	R

S	S	S	S	T
T	T	T	U	U
U	U	U	U	V
V	V	V	W	W
W	W	X	X	X
X	Y	Y	Y	Y
Z	Z	Z	Z	Ç
Ç	Ç	^ ^	~ ~	´ ´

Letras e sílabas

A a	E e	I i	O o	U u
A a	E e	I i	O o	U u
Ba ba	Be be	Bi bi	Bo bo	Bu bu
Ca ca	—	—	Co co	Cu cu
Da da	De de	Di di	Do do	Du du
Fa fa	Fe fe	Fi fi	Fo fo	Fu fu
Ga ga	—	—	Go go	Gu gu
Ja ja	Je je	Ji ji	Jo jo	Ju ju
La la	Le le	Li li	Lo lo	Lu lu
Ma ma	Me me	Mi mi	Mo mo	Mu mu

U u	O o	I i	E e	A a
U u	O o	I i	E e	A a
Bu bu	Bo bo	Bi bi	Be be	Ba ba
Cu cu	Co co	—	—	Ca ca
Du du	Do do	Di di	De de	Da da
Fu fu	Fo fo	Fi fi	Fe fe	Fa fa
Gu gu	Go go	—	—	Ga ga
Ju ju	Jo jo	Ji ji	Je je	Ja ja
Lu lu	Lo lo	Li li	Le le	La la
Mu mu	Mo mo	Mi mi	Me me	Ma ma

Na na	Ne ne	Ni ni	No no	Nu nu
Pa pa	Pe pe	Pi pi	Po po	Pu pu
Ra ra	Re re	Ri ri	Ro ro	Ru ru
Sa sa	Se se	Si si	So so	Su su
Ta ta	Te te	Ti ti	To to	Tu tu
Va va	Ve ve	Vi vi	Vo vo	Vu vu
Xa xa	Xe xe	Xi xi	Xo xo	Xu xu
Za za	Ze ze	Zi zi	Zo zo	Zu zu
ça ça	Ce ce	Ci ci	ço ço	çu çu
—	Ge ge	Gi gi	—	—

Nu nu	No no	Ni ni	Ne ne	Na na
Pu pu	Po po	Pi pi	Pe pe	Pa pa
Ru ru	Ro ro	Ri ri	Re re	Ra ra
Su su	So so	Si si	Se se	Sa sa
Tu tu	To to	Ti ti	Te te	Ta ta
Vu vu	Vo vo	Vi vi	Ve ve	Va va
Xu xu	Xo xo	Xi xi	Xe xe	Xa xa
Zu zu	Zo zo	Zi zi	Ze ze	Za za
çu çu	ço ço	Ci ci	Ce ce	ça ça
—	—	Gi gi	Ge ge	—

Tangram

Cubo

Cilindro

Relógio

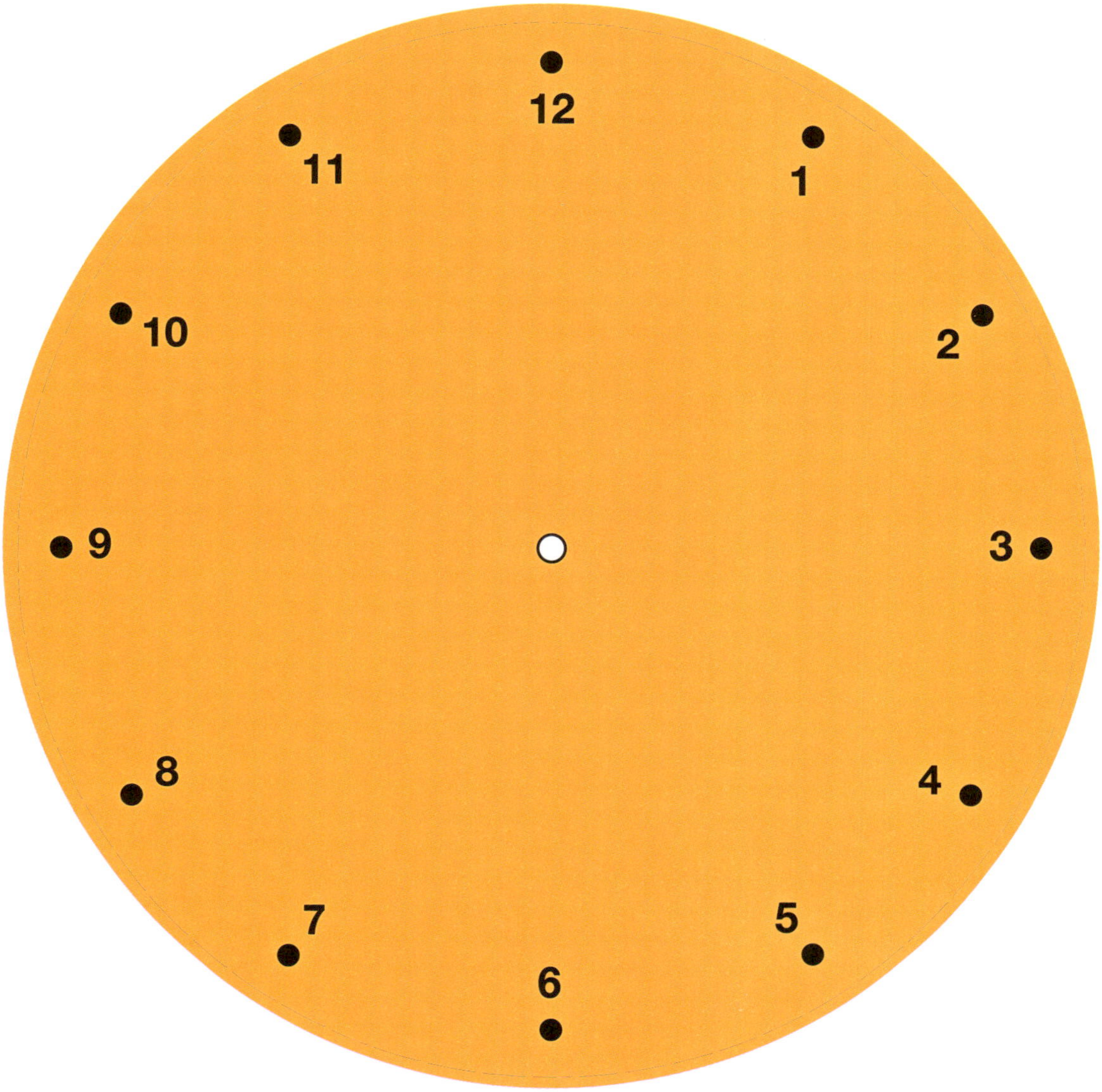

Álbum ilustrado

Utilize os espaços abaixo para colar fotos de você, da sua família e dos seus amigos. Você também pode fazer desenhos!

Ilustra Cartoon/Arquivo da editora

GEOGRAFIA

Os meios de transporte

Destaque as figuras dos meios de transporte e cole nos lugares por onde eles passam: terra, água ou ar.

Ilustrações: Ilustra Cartoon/Arquivo da editora

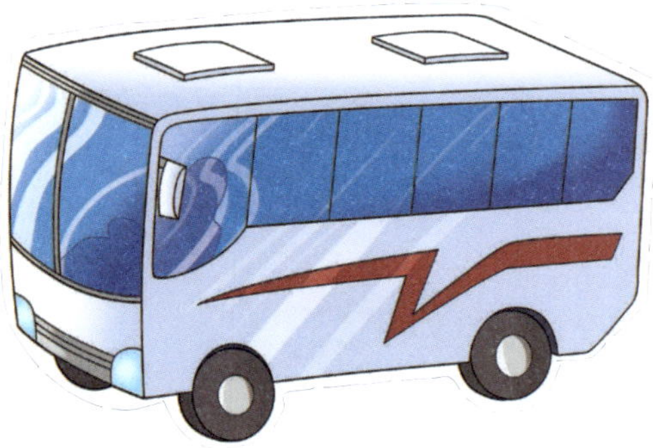

CIÊNCIAS

Partes do corpo

Destaque as partes abaixo e cole-as numa folha avulsa, montando corretamente o corpo do menino.

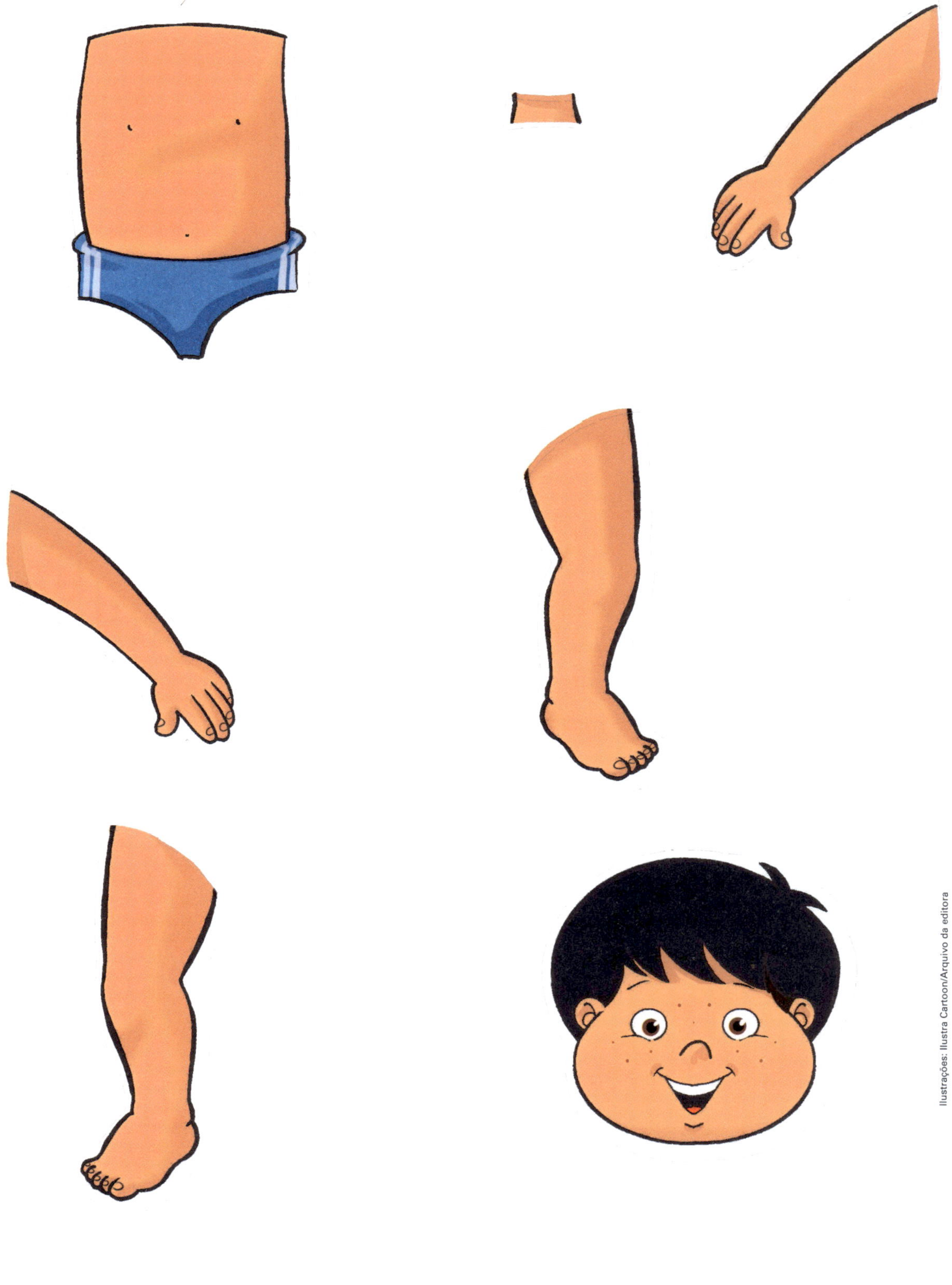

Ilustrações: Ilustra Cartoon/Arquivo da editora

INGLÊS

Memory game

Ilustrações: Ilustra Cartoon/Arquivo da editora

TABLE	BLACK DOG	GREEN PEAR	THICK BOOK
BLUE BIKE	RED FISH	CHRISTMAS TREE	THIN PENCIL
YELLOW BANANA	WHITE STOVE	BLUE PENCIL	RED AND WHITE TRAIN
BLACK AND WHITE BALL	SOFA	WHITE CAT	SMALL ERASER
DOLL	GREEN CHAIR	YELLOW BIRD	RED APPLE

ARTE

Desenho animado

Destaque as cartas e organize-as em ordem. Com a ajuda do professor, prenda todas as cartas e folheie-as rapidamente. O que aconteceu?

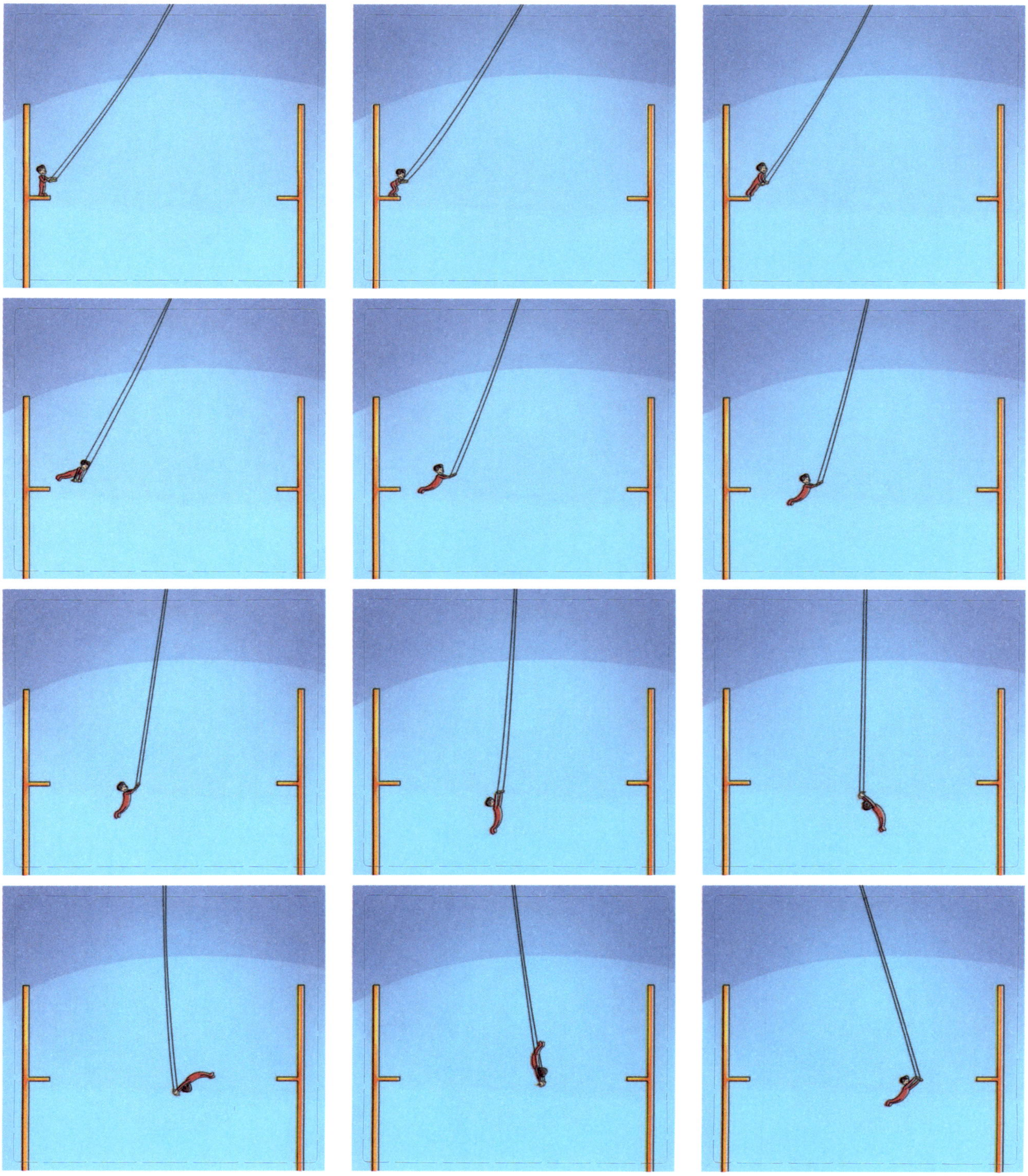

Ilustrações: Ilustra Cartoon/Arquivo da editora

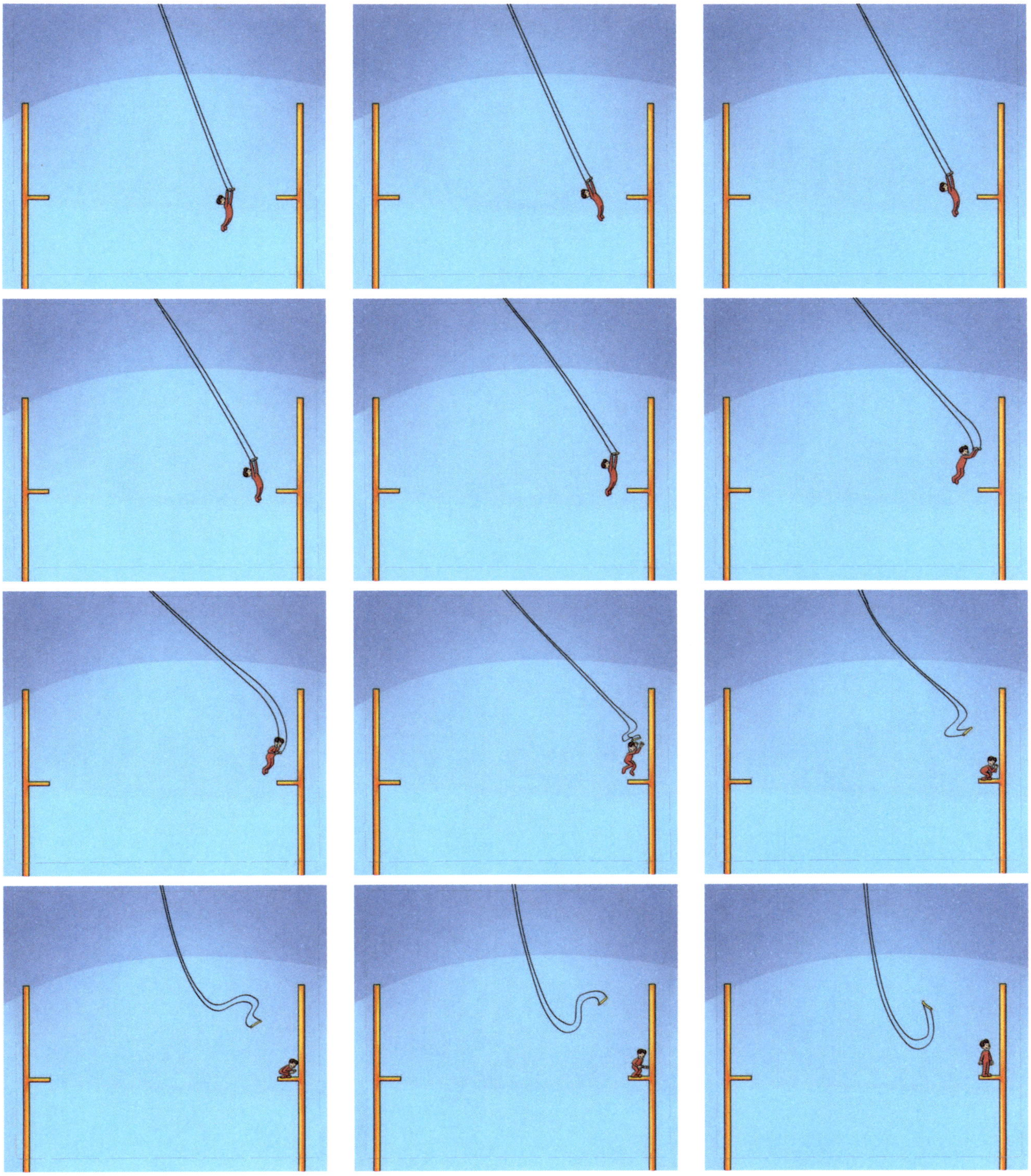

Ilustrações: Ilustra Cartoon/Arquivo da editora